はじめに

　農水省が２０２１年５月に発表した「みどりの食料システム戦略」（以下、「みどり戦略」）。２０５０年までに農林水産業のCO_2ゼロエミッション化実現、化学農薬50％削減（リスク換算）、化学肥料30％削減、有機農業の面積を１００万ha（全体の25％）に拡大といった14の目標が掲げられている。

　農水省が急ピッチでみどり戦略を策定した背景に農業の環境への負荷を下げようという国際的な動

　とりわけ２０２０年５月にＥＵが「Farm to k（農場から食卓まで）戦略」を打ち出したこと影響したといわれている。また、２０２１年９月に国連食料システムサミットが開催され、こうした世の潮流に乗り遅れてはならないという思惑が、策定後押ししたのは間違いない。

　30年先の目標とはいえ、かなり思い切った数字が掲られているだけに、これまで有機農業に取り組んできた農家や団体、研究者を中心に大きな議論を巻き起こしている。その一方で、農業の現場から遠い絵空事のようにとらえている方も多いのではなかろうか。

　だが、みどり戦略は有機農業だけを射程においた政策ではない。今後30年の国内の食料・農業政策、ひいては農村政策全体とかかわりをもたずにはおかない。この戦略をどうとらえたらいいだろうか。

　本書では農水省の政策立案担当者に戦略の背景をインタビューし、農業・農村政策の専門家に内外の諸政策と関連づけて、この戦略の位置と課題を分析していただいた。さらに、有機農業や環境保全型農業の実践者や研究者、消費者団体代表から提言をいただき、有機学校給食や自然栽培に自治体やＪＡとして取り組む事例を紹介した。最後に、全国各地の農家に戦略をどうとらえたか、歯に衣《きぬ》着せずに語ってもらった。

　みどり戦略を待つまでもなく、地域の環境と食・農の間にどう折り合いをつけるかをめぐっては、全国で優れた実践が蓄積されている。その蓄積が生かされないかぎり、みどり戦略は「絵に描いた餅」に終わってしまうだろう。この戦略を地に足がついた形でとらえ直すために、本書が少しでもお役に立てば幸いである。

２０２１年８月20日

農山漁村文化協会編集局

目次

どう考える？
「みどりの食料システム戦略」

農文協
ブックレット
23

自然とリービッヒとBSE

やまざきようこ

2001年9月のある日、家畜保健衛生所の獣医さんと、JA畜産課の職員が聞き取り調査にやって来た。「眼球が飛び出し、神経症状を起こしている牛はいませんか?」
「肉骨粉が入った餌は使っていないでしょうね?」

1985年、イギリスで発生したBSE（牛海綿状脳症）は1990年代に入ってヨーロッパから世界中に広まった。そして、2001年9月10日、日本でもBSE牛が発見された。北海道のサロマで生まれ、千葉県の農場で育てられた牛だった。

肉骨粉は誰が何のために作ったのか? どうやってできたのか? 様々な本を読んで私がリービッヒを知ったのは15年ほど前になる。狂牛病の発生原因となった肉骨粉を作ったのがリービッヒだった。ひどい物を生み出した張本人だと思って調べ始めたら、窒素・リン酸・カリの植物の肥料の3要素や、たんぱく質やデンプン、脂質の人間の体の3大栄養素を発見し、現代化学や医学の基礎を導いた偉大な化学者だった。人間の面白さに導かれて、生まれ故郷のドイツのダルムシュタットや、大学のあるギーセン、そしてミュンヘンのお墓を2度も訪ねた。

ギーセンにあるリービッヒの化学博物館で、ウルグアイのフライベントスの牧場や、肉エキスを作る工場の精密画を見つけた時「これだ!」と、飛び上がるほどうれしかった。

その時、授業開始のベルが鳴った。学生たちはまだ来ない。資料室を覗いた先生が精密画を見ながら愉快そうに話し始めた。

——リービッヒはイギリスで、友人から娘のエマを預かった。エマにドイツ語を学ばせるためだった。ところがエマは当時流行のチフスに罹って脱水症状になり、手の施しようもなくなった。医師から相談を受けたリービッヒは、エマが水分を取り、体力をつけるために、牛肉を煮込んでエキスをスープにして少しずつ飲ませた。徐々にエマが体力を回復し元気になると、リービッヒはエキスを煮詰めて、乳児用のスープや肉エキスの開発に取り組んだ。

ある時、ギーベルトというベルギー人が訪ねて来た。

「南米のウルグアイでは、大量の牛肉がハエやアブがたかるままに野積みされ、腐るままに放置されている。なんとかならないものだろうか?」と言う。

様子を見に行ったリービッヒは、皮をはいで野積みされた牛を見て、肉エキスの製造販売に協力することになった。

ところが豊富な牛肉から肉エキスを作り、固形スープを作ったのはいいが、肝心の捨て場が無い! 大量の骨やくずの処分に困った。

ヨーロッパには中世のころから動物の脂肪を煮溶かして、石鹸や蝋燭を作るレンダリングの技術があった。そこで、余ったくず肉や脂肪、骨などを煮溶かし乾燥させ、粉にして家畜の餌を作った。出来上がった餌を牛や羊に与えたが、最初は嫌がって食べなかった。蜂蜜や糖蜜を混ぜて味をつけ、腹をすかせた牛や羊に与えると、最初は嫌がった牛も羊も食べ始めた。

―――

「肉骨粉は肉エキスを作った後の動物のリサイクルの餌なんだよ。ベルギー人の経営は最初はよかったのだが、借金をして会社の経営を拡大してから、牛の回転がうまくいかなくなった。リービッヒはいろいろな発明をしたが、当時は特許制度がなかったから、どれもお金にはならず儲かりはしなかった。リービッヒは名前を利用されただけなんだよ!」と先生は言われた。

「リービッヒは騙されたの…?」

「ああ、リービッヒは騙されたんだ!」

先生は愉快そうに笑い、あっけにとられた私は笑いが止まらなかった。

第2次世界大戦終了後、イギリスは国土が荒廃し、食料生産が十分に出来ず、食べ物に困った。穀物は人間の食料に使われ、家畜に与える餌がない。

食卓を乳製品や肉料理に頼るイギリスでは、家畜がいなければ日々の食料が手に入らない。そこで考えたのが家畜の残渣物の再利用だったのだ。

その後の歩みは、自然の資源をできる限り生かそうというリービッヒの思いを大きく踏み外し、牛が牛を食らうという共食いがBSEという新たな牛の病気を導いて、人類は思いがけないしっぺ返しを食らうことになってしまった。

「リービッヒは晩年、農場をもって自然の中で暮らそうとしたんだよ。ダルムシュタットのマチルダの丘の上に土地を買い、牛を放牧して牧場を営みながら自給中心の家族の暮らしを築こうとしたんだ。

このままの大気汚染や川の水の汚染状態が進めば、将来必ずこの地球上で人々が住めなくなる時がやってくる。当時のヨーロッパ社会の環境汚染から地球と自然の循環を見ていたんだ。

行き詰った時、人間は自然の循環に立ち戻って考える。自然を解明するのが化学なのだとリービッヒは言ってるよ」

その時、始業のベルが鳴って学生たちが半円形の講義室に入っていった。

先生は軽く手を振って教室に入って行かれた。

「アウフヴィーダーゼーン（また逢う日まで）！」

やまざき・ようこ　1948年生まれ。1975年、夫一之氏との結婚を機に福井県三国町で開拓農業を始める。現在、鶏200羽を飼養、ブルーベリーと栗、自給野菜と果樹を栽培する。NPO法人「田舎のヒロインわくわくネットワーク」元代表。

「農業・農村の機能」の奥にあるもの

内山 節

実体のない機能が支配する社会

自然はさまざまな機能をもっている。農業もまた同様である。人々に作物を提供するという機能。農地を維持することによって自然と人間が調和した環境を守るという機能。教育的な機能もあれば、農村の基盤になることによって、都市とは異なる地域社会や伝統文化を保全していく機能もある。

しかし私は、自然や農業の根本的な価値と機能を混同することには疑問も感じている。

近代社会は、あらゆるものを機能でとらえる社会として成立した。市場には市場の機能があり、国や市町村にも機能がある。さらに文化にも教育にも機能があるというように、機能こそが有効性であり、その価値だというような社会がつくられたのである。

その機能は、もともとは実体に裏付けられたものであった。たとえば作物という実体があるから、食生活を支えるという機能も生まれる。地域社会という実体があるから、地域の機能も成立する。だが現在の世界では、実体をもたない機能が登場してきた。

たとえば仮想通貨というものがある。よく知られているのはビットコインだろうが、いまではさまざまな仮想通貨が世界で売買されている。この仮想通貨には、いかなる実体も存在していない。しかも各国の通貨のような、国による信用の供与も存在しない。だが、売買され、送金やときに支払いに使われるという機能だけがあり、その機能がいまでは世界経済の攪乱要因になるほどに大きくなってきた。

考えてみると、国家とか国民もまた同じようなものだった。アンダーソンが『想像の共同体』（書籍工房早山）で述べたように、国家や国民も想像の産物でしかないのである。ところが国家はさまざまな機能をもち、その機能の内部で暮らしているうちに、私たちは国民として生きるほかなくなった。機能が権力をもち、それが永遠のものであるかのごとく存在するようになったのである。

近代とは、機能が支配する社会である。実体も、本質も、根本的な価値もどうでもよい。だから市場では、物の価値やサービス自体の価値とは無関係に、それらが市場で発揮する機能が、あたかも価値であるかのごとくふるまわれる。

機能の奥にある根源の回復を

今日の私たちはそういう社会のなかで暮らしているのである。そしてこの虚構の構造が本物の価値を彼方に追いやる。私たちはよき国民でなければならなくなった。市場経済に組み込まれたよき生産者であり、消費者でなければならなくなった。そのことが、実体や本質、根本的な価値を壊しつづけていることに気づいていたとしても、である。それが機能が本質のようにふるまう社会が生みだした現実である。

農業も農村も、もともとは自然発生的に生まれたものである。農業理論が農業をつくったのではないし、思想が農村をつくったわけでもない。自然とともに生きる世界のなかに、あるとき栽培という方法が導入され、栽培をするから定着型の暮らしが生まれ、そこに農村がつくられていった。農業も農村もその出発点は自然とともに暮らすということであり、農業や農村が定着したことによって、人々は自然への視点を深め、技を磨き、共同体的連帯を生みだしていった。自然のなかに神々を感じ、その神々と祖霊を結びながら、自然とともに生きる人たちの神仏の世界もつくられていった。そして、それらのことが農村文化を生んだ。

農業や農村がいかに優れた機能をもっていようとも、機能を軸にしてそれらをとらえれば近代世界の構造に飲み込まれる。私たちの課題は、機能の奥にある根本的なもの、自然と人間の時空がつくりだした根源の回復である。

うちやま・たかし　哲学者。1950年生まれ。2015年3月まで立教大学大学院21世紀社会デザイン研究科教授を務める。NPO法人森づくりフォーラム代表理事。著書『内山節と語る未来社会のデザイン』（全3冊、農文協）など。

「未来構想」に欠かせない「農の原理」

宇根　豊

除草剤や苗施用剤が見失わせたもの

　有機農業を2050年までに25％にするというのは、久しぶりの「未来構想」ではないか。たしかに、EUでは2030年までに25％だから、遅いと言われてもしかたがない。だが他産業並になることばかり夢みてきた日本農政が、別の夢を見ようとするのは、悪くない。ところで有機農業が日本で伸び悩んでいる大きな理由は、有機農業の自然環境への貢献が具体的に語られないからである。有機農業に転換すると、赤とんぼや蛙が何匹増えるのか、野の花が何種類増えるのか、語られることがない。もっぱら無農薬・無化学肥料で「安全な食料」が提供されると言い、またそう受けとってきた面が強すぎた。

　ただ、これは表面的な指摘である。こういう事態が今日まで続いてきたのは、「農とは何か」ということについて、国民と政府の理解が誤っていたからである。それは「農業は国民の食糧を生産する大切な産業である」という表面的な「合意」である。農とはそんなものじゃない！

　畦に除草剤を散布している近所の田んぼがある。スギナだけが目立つ。しかし「国民の食糧生産」は果たしている。一方わが家の畦では、野の花が200種あまり咲き乱れている。年に6回畦草刈りをしているからだ。しかしこの野の花を見るのは、わが家の家族だけで、それ以外の国民は誰も知らない。

　今年もウンカの飛来が早いので、IPM[注1]など無視して、農薬を苗箱に予防散布する技術が、農水省をはじめとして指導機関で推奨されている。そのウンカを待っている鎌蜂やウンカ宝ダニや蜘蛛たちには目が向かなくなっている。田畑の生きものの過半は「ただの虫」[注2]「ただの草」であることを忘れている。百姓のまなざしの向け方を近代化技術はミスリードしてきた。ここから建て直さなければならない。つまり、これからの無農薬・無化学肥料の新しい技術開発（イノベーション）の基本思想を提示してほしい。

生きものに「また会える」という感覚

田植えしていると、精霊とんぼ（薄羽黄トンボ）が二つがい、しきりに卵を産んで回っている。「今年も、よく来たね」と声をかける。東南アジアからはるばる飛んで来るのは、ウンカだけではない。日本の赤とんぼの大半を占めるこのとんぼも、毎年南の国から飛んで来てくれる。それを迎えて喜ぶ自然観を、これからの農業技術は具備せねばならない。私は近代化技術だけでなく有機農業や環境保全型農業の技術にも欠けている世界を言っているのだ。なぜなら、それがこれまでの農政や技術が忘れ去っていたもので、農の土台を支えているものだからだ。

百姓は作物だけではなく、田畑の生きものたちと言葉を交わす。「もう花をつけたのか。今年は早いね」「こんなにいっぱい葉ごとに露を出して、星空だな」などと、口には出さなくても話しかける。生きものが相手の百姓仕事だからである。そして、自分（人間）よりも相手を大切にするようになるからだ。

この「生きもの同士」だという感覚が育つと、気持ちが通い合うようになる。しかも作物や生きものとは、毎年毎年必ず「また会える」。これが「農の原理」である。農とは、作物だけではなく、天地自然の生きものたちに毎年会えるようにすることだったのだ。だからこそ、百姓仕事に没頭していると、経済や効率はもちろんのこと、我すら忘れて、天地自然と一体になれる。この幸せは、何ものにも代えがたい。

「みどりの食料システム戦略」が未来構想であるためには、ここまで百姓の心情に降りていってほしい。経済価値があろうとなかろうと、国民のためになろうとなるまいと、お玉杓子がいれば、田んぼの水は切らさないのが、百姓の無意識の感覚である。先祖から連綿と培ってきた生きもの同士の感覚である。農とは、こうした天地有情の情愛を百姓にもたらした。先祖は「生物多様性」なんて知らなかったが、無駄な殺生はするな、生きとし生けるものすべてにいのちとタマシイが宿っている、と教えてきた。この文化は、生物多様性よりもはるかに古く、そして深い。それは農が、国民にもそおっと手渡してきたものでもある。だからこそ、農は他産業と明確に区別され、国民のこころで支えられるような「未来構想」を、「みどり戦略」は目指してほしい。

（注1）ＩＰＭ　総合的病害虫管理（Integrated Pest Management）。
（注2）害虫でも益虫でもない虫のこと。

うね・ゆたか　百姓。農学博士。１９５０年生まれ。福岡県農業改良普及員として減農薬稲作運動を提唱。１９８９年に新規就農。「田んぼの学校」や「田んぼの生きもの調査」を全国で展開。『日本人にとって自然とはなにか』（ちくまプリマー新書）、『うねゆたかの田んぼの絵本』（全5巻、農文協）ほか。

「みどり戦略」を深掘りする
——国内外の政策との関連から

「みどりの食料システム戦略」はどんなねらいで、どのようにしてつくられたのか？
農水省の政策立案担当者に聞く

5月12日、農林水産省が発表した「みどりの食料システム戦略」は2050年までに有機農業の割合を25％（100万ha）に拡大するなど、思い切った目標を掲げて議論を巻き起こしている。この戦略のねらいと策定に至った経緯を、担当した農林水産技術会議事務局研究調整課長の岩間浩さんにうかがった。（編集部）

■カーボンニュートラル宣言に先行して検討が進められていた

――この戦略は急浮上したというイメージが強いのですが、農水省内ではいつごろから準備していたのですか？

岩間　私は昨年3月に策定された食料・農業・農村基

岩間 浩（いわま・ひろし）さん

農林水産省農林水産技術会議事務局研究調整課長・内閣官房気候変動対策推進室参事官。1991年岩手大学農学部卒業後、農林水産省に入省。2013年大臣官房総務課報道室長兼広報室長のほか、前職の大臣官房参事官で食料・農業・農村基本計画、食料自給率・食料安全保障を担当し、現職で「みどりの食料システム戦略」の策定を担当する。

本計画（以下、「基本計画」）を大臣官房で担当した後、昨年8月から現職で「みどりの食料システム戦略」（以下、「みどり戦略」）を担当しました。今回の基本計画は、「我が国の食と活力ある農業・農村を次の世代につなぐために」という副題が設けられ、国内外の需要の変化に対応するための国内農業の生産基盤の強化や、農業・農村を支える担い手に加え、中小・家族経営や農業支援サービス、関係人口など多様な人材の役割に着目するなど、持続可能性をかなり意識した内容になりました。

環境・ＳＤＧｓについても、地球温暖化による大規模災害の増加や、ＳＤＧｓに関する国内外の関心の高まりを踏まえ、前回の２０１５年基本計画から関連する記述を充実させました。しかし、昨年4月以降の新型コロナの感染拡大の影響により、サプライチェーンが混乱するなか、食料や肥料原料の多くを海外に頼る実態が改めて浮き彫りになるとともに、人々の意識と行動が大きく変わり、コロナで行き場を失った食材を生産者のために買い支える「応援消費」や、リモートの普及で都市部に縛られない働き方ができるようになり、地方重視の新しいライフスタイルが生まれてきた。

こうしたなか、昨年5月にEUが「Farm to Fork（農場から食卓まで）戦略」[注1]を打ち出すなど、経済と環境の両立や持続可能性が世界の大きな潮流になってきた。このような状況を踏まえ、昨年7月の段階では農水省の事務レベルで情勢分析を行なうとともに、政策的に対応するための議論が進められていました。

よく、菅総理が２０５０年カーボンニュートラルを宣言されたので、それに合わせてこの戦略を急いでつくったのだろうと言われますが、事実ではありません。時系列でみても、総理の宣言は２０２０年10月26日、野上農水大臣が戦略の検討に言及されたのは、それより前の10月16日です。さらに、事務レベルの検討を7月から、有識者をお招きしての省内検討会を9月から始めています。要するに、農水省自らの問題意識でこの戦略の検討がスタートしたということです。

――みどり戦略が策定された背景と課題はどういうところにあったのでしょうか？

岩間　本戦略のタイトルにある「食料・農林水産業の生産力向上と持続性の両立をイノベーションで実現」、これが基本的なコンセプトです。生産力向上については、基本計画において国内生産を増やし、食料自給率の向上を図るという方針が示されています。一方、みどり戦略の冒頭では、限られた農地を効率的に利用し、品種や栽培方法を工夫して生産性を高める先人の技術の蓄積を日本農業の特質として触れています。まさに自然の力を活かしながら、技術と人手をかけ、世界に誇る食料を生み出すことが日本農業の強みであり、それが海外から評価されているということだと思います。

しかしながら、こうした日本農業の強みが将来も発揮し続けられるのか、そのあり方をみんなで真剣に考えなければならない段階にきているのではないか。これが、この戦略の検討において私自身が抱いた問題意識です。農林業センサスによれば、基幹的農業従事者の4割を70歳以上が占めており、今後、生産者の一層の減少と高齢化が進むと見込まれています。このままでは、今後10年程度の間に農業の中核を担う生産者が一気にリタイヤしてしまい、耕作されない荒廃農地が増えるとともに、「暗黙知」として培われてきた農業技術も継承されず、我が国の農業生産力が低下してしまうことになるのではないか。

したがって、日本農業の喫緊の課題は生産基盤の脆弱化をどうリカバリーするかであると考えています。その人的な確保策については基本計画に明記されており、地域農業の主体として、担い手に加え、中小・家族経営や半農半Xなど多様な経営体や、労働力・技術力をサポートする農作業支援者についても位置付けたところです。

ここで「持続性」というのは、生産基盤と環境負荷軽減という両面の持続性を意味しています。生産基盤というのは生産者の減少・高齢化に対して、どうやってつくる人を維持するかであり、さらに言えば、生産者の労力負担を軽減しつつ、より大きな面積を耕作できる環境や、新たに農業をやりたい人がチャレンジしやすい環境といったスキル面も高めていく必要があると考えています。もう一つは、日本では、農業の環境に与える負荷はこれまであまり意識されてこなかったように思いますが、近年、地球温暖化や生物多様性への対応が国際交渉などで大きく取り上げられ、新たな国際規範になりつつあります。各国が環境負荷の軽減に向けた政策を推進するなか、我が国としても、これに積極的に対応していく必要があるということです。

みどりの食料システム戦略（概要）

～食料・農林水産業の生産力向上と持続性の両立をイノベーションで実現～
Measures for achievement of Decarbonization and Resilience with Innovation (MeaDRI)

令和3年5月
農林水産省

現状と今後の課題

○生産者の減少・高齢化、地域コミュニティの衰退
○温暖化、大規模自然災害
○コロナを契機としたサプライチェーン混乱、内食拡大
○SDGsや環境への対応強化
○国際ルールメーキングへの参画

「Farm to Fork戦略」(20.5)
2030年までに化学農薬の使用及びリスクを50%減、有機農業を25%に拡大

「農業イノベーションアジェンダ」(20.2)
2050年までに農業生産量40%増加と環境フットプリント半減

農林水産業や地域の将来も見据えた持続可能な食料システムの構築が急務

持続可能な食料システムの構築に向け、「みどりの食料システム戦略」を策定し、中長期的な観点から、調達、生産、加工・流通、消費の各段階の取組とカーボンニュートラル等の環境負荷軽減のイノベーションを推進

目指す姿と取組方向

2050年までに目指す姿

- 農林水産業の**CO2ゼロエミッション化**の実現
- 低リスク農薬への転換、総合的な病害虫管理体系の確立・普及に加え、ネオニコチノイド系を含む従来の殺虫剤に代わる新規農薬等の開発により**化学農薬の使用量（リスク換算）を50%低減**
- **輸入原料や化石燃料を原料**とした**化学肥料の使用量を30%低減**
- 耕地面積に占める**有機農業の取組面積の割合を25%(100万ha)に拡大**
- 2030年までに**食品製造業の労働生産性を最低３割向上**
- 2030年までに食品企業における**持続可能性に配慮した輸入原材料調達の実現を目指す**
- **エリートツリー**等を林業用苗木の**9割以上に拡大**
- **ニホンウナギ、クロマグロ等の養殖において人工種苗比率100%**を実現

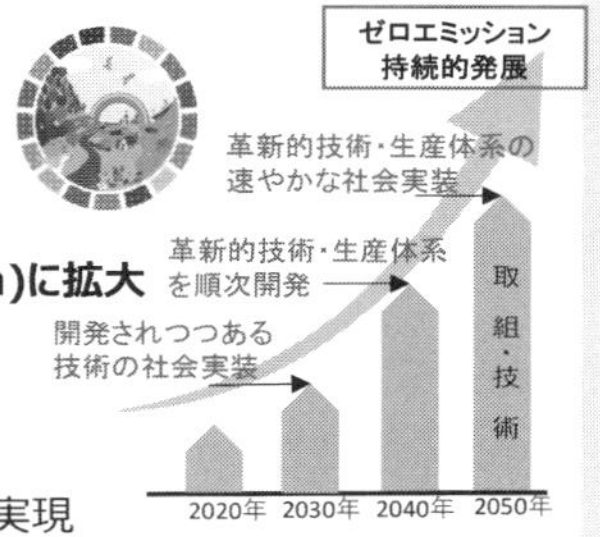

戦略的な取組方向

2040年までに革新的な技術・生産体系を順次開発（技術開発目標）
2050年までに革新的な技術・生産体系の開発を踏まえ、
今後、「政策手法のグリーン化」を推進し、その社会実装を実現（社会実装目標）

※政策手法のグリーン化：2030年までに施策の支援対象を持続可能な食料・農林水産業を行う者に集中。
2040年までに技術開発の状況を踏まえつつ、補助事業についてカーボンニュートラルに対応することを目指す。

補助金拡充、環境負荷軽減メニューの充実とセットでクロスコンプライアンス要件を充実。

※ 革新的技術・生産体系の社会実装や、持続可能な取組を後押しする観点から、その時点において必要な規制を見直し。
地産地消型エネルギーシステムの構築に向けて必要な規制を見直し。

期待される効果

経済 **持続的な産業基盤の構築**

- 輸入から国内生産への転換（肥料・飼料・原料調達）
- 国産品の評価向上による輸出拡大
- 新技術を活かした多様な働き方、生産者のすそ野の拡大

社会 **国民の豊かな食生活 地域の雇用・所得増大**

- 生産者・消費者が連携した健康的な日本型食生活
- 地域資源を活かした地域経済循環
- 多様な人々が共生する地域社会

環境 **将来にわたり安心して暮らせる地球環境の継承**

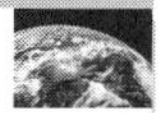

- 環境と調和した食料・農林水産業
- 化石燃料からの切替によるカーボンニュートラルへの貢献
- 化学農薬・化学肥料の抑制によるコスト低減

アジアモンスーン地域の持続的な食料システムのモデルとして打ち出し、国際ルールメーキングに参画（国連食料システムサミット（2021年9月）など）

国内では、２０５０年カーボンニュートラルが掲げられ、新聞等でも環境関係の記事をみない日はありません。政府のグリーン成長戦略にみられるように、あらゆる産業で環境・ＳＤＧｓへの対応は避けて通れない時代になっています。食料・農林水産業も、中長期的に目指す姿を具体的に掲げ、生産力向上と持続性の両立に取り組み、経済・社会・環境のそれぞれをプラスにしていくということが、もともとの大きな課題設定です。

■高い目標を既存技術の横展開と革新的なイノベーションで突破する

――みどり戦略の考え方と主な内容について説明してください。

岩間　本戦略では、現在の取組の延長というフォアキャスト(注2)ではなく、２０５０年に目指す姿、すなわちバックキャストとしての目標を掲げ、その実現に向けて、①生産だけでなく、その前の調達から始まり、加工・流通、消費の各段階で意欲的な取組を引き出すとともに、②将来に向けて、既存の優れた技術の横展開(注3)・持続的な改良と、革新的な技術・生産体系の開発・社会実装(注4)を進めていくこと、これがみどり戦略の考え方です。

２０５０年までに目指す姿として、①農林水産業のCO_2ゼロエミッション化の実現、②化学農薬の使用量をリスク換算で50%低減、③輸入原料や化石燃料を原料とした化学肥料の使用量を30%低減、④耕地面積に占める有機農業の取組面積の割合を25%（１００万ha）に拡大、⑤エリートツリー等を林業用苗木の9割以上に拡大、⑥ニホンウナギ、クロマグロ等の養殖において人工種苗比率１００%を実現、⑦２０３０年までに食品製造業の労働生産性を最低3割向上、⑧２０３０年までに持続可能性に配慮した輸入原材料調達の実現など、14の目標を掲げています。

――みどり戦略にはイノベーションという言葉がたくさん出てきますね。

岩間　慣行的な農業生産においては、生産力を向上させるため、化石燃料、化学農薬や化学肥料を使うことが一般的であるなかで、環境配慮が必要となるとそれまでの生産方法を見直さなければならなくなり、率直に申し上げて、現在の技術水準の下、生産者の努力のみで最終的なゴールに到達することは難しいと思っています。やはり、将来に向けてイノベーション、技術革新を創出していかなければならないですし、各国の戦略も、経済と環境の両立のために将来的なイノベーションが重要な要素として織り込まれています。例えばスマート技術は、人手不足に対応する技術として今後の社会実装が期待されていますが、作物の個体ごとに農薬をピンポイント散布することで総量として農薬のまきすぎを抑え、環境負荷の軽減にも貢献できます。

また、農業の労働特性として、きつい、現場から離れられない、専門技術がないと無理といった固定観念も根強くあるのではないかと思います。足腰の弱い高齢の方にとって田んぼの法《のり》面の機械除草は危険な作業ですし、今後、通い農業のような形態が求められることを考えると、果たしてずっと現場にいなければならないのか。例えば、牛の発情管理とか田んぼの水管理も朝から晩まで現場に張り付かなければならないのか。田舎に移り住んで農業をやってみようかという人がスマートグラスをかければ、どの実を摘むとか、どの枝を切るという判断をともなう作業も機器の力を借りてできるようになります。

こうした新技術によって、生産者の労力が軽減され、労働安全性・労働生産性が向上すれば、農業に従事する方々の働き方が変わり、農業に不慣れな人も参画しやすい環境が形成されるブレークスルーができるのではないかと思っています。スマート農業というと大規模な平場の農業をイメージしがちですが、こういう技術が中小・家族経営や中山間地域の農業、高齢の方の農業を楽にしていく部分も期待できるし、環境負荷を軽減することにつながっていくと考えています。

――パブリックコメントでは、既存の有機農業の技術を引き継ぎ広めるという視点が足りないのでは、という意見も多く聞かれましたが？

岩間　クリステンセン教授によれば、イノベーションには「破壊的イノベーション」と「持続的イノベーション」の2種類があります。前者は何もないところからいきなり出てくる革新的な技術であり、後者はいまある技術を少しずつ改善していく技術です。みどり戦略では、この二つを組み合わせるとともに、既存の優れた技術を「横展開」していくと整理しました。

農水省は有機農業に取り組んでこなかったというご

指摘については、実は、これまでも有機農業の栽培マニュアルを作成して技術の体系化や、有機農業をやっている方のネットワークづくり等に取り組んできており、この戦略をきっかけに、有機農業の一層の推進を図っていく考えです。

有機農業には有機農業推進法に基づく取組水準と国際的に行なわれている有機農業の取組水準がありますが、中長期的には国際的な取組水準に合わせてやっていく。

このため、現場の優れた技術の横展開と革新的な技術・生産体系の開発・社会実装によって化学農薬・化学肥料を減らしていく。まきすぎを減らすという部分と、改良品種や生物農薬に置き換えることで使用そのものを減らすという両面でアプローチしていくという考えです。

日本で有機農業に取り組むに当たっては、除草や防除などで大変な手間がかかることから、有機農業の大幅な拡大は現実的ではないという声もうかがいますが、技術革新によって、よい意味で楽ができる、生産者だけに負担を寄せることのない技術を開発し、広げていきたいというのがわれわれの考えです。

――有機農業を推進するうえでは、消費者の理解も重要ではないでしょうか？

岩間　みどり戦略には、必要以上に外観のきれいさや日付の新しさにこだわる消費面の価値観や行動が、結果として農薬や包材の過剰な使用や食品ロスを招いている実態にも目を向ける必要があることや、持続可能な消費や食育についても率直に記述しました。

例えば、リンゴの見た目を良くするため、圃場への反射シートの設置、一つひとつの玉回し作業、葉取りといった色づけ作業に加え、細かいキズや大きさを選別する作業があります。こうした作業は、本当はリンゴの味とあまり関係がないのですが、生産者に大変な手間暇とコストがかかっており、消費者もそのことを知らないので何となく見た目で選んでしまう。このため、ある流通業では、こうした情報を店頭で表示し、「不揃いリンゴ」として販売したところ、消費者が納得して購入し、好評を得ているそうです。これは流通が主導する形で、持続的な生産・消費の関係をつくっている例ですが、農水省では持続可能な消費に向けた関係者の主体的な取組を広げるため「あふの環プロジェクト」という取組を進めています。現在、１２０を超える企業や生産者等の参画をいただいています。

さらに、環境負荷の軽減に配慮した産品が消費者に選択されるよう、生産や流通の過程における環境負荷を「見える化」することにも取り組んでいきたいと考えています。

――それにしても有機農業を100万haというのは思い切った目標ですね。

岩間　報道等をみると、みどり戦略＝有機農業拡大とみられがちですが、そうではありません。みどり戦略は、食料システム全体を持続的なものにしていくため、14の目標を掲げています。有機農業はそのうちの一つの要素であるということです。

有機農業の目指す姿である数値目標として、2050年に有機農業の取組面積を25％（100万ha）に拡大する目標を掲げました。これまで有機農業は手間やコストがかかることが多かったものの、近年、有機農業の栽培技術の確立が進んでおり、米や根菜類など安定的に生産できる品目も出てきているところです。当面は、こうした栽培技術が確立している品目を中心に、有機農業を実践している生産者の先進的な取組を地域で広げていくことを目標にしています。

また、有機農業を進めるうえでは、堆肥等の有機物を原料とする肥料の使用や緑肥などのすき込みなどにより、肥料分を補いつつ、土づくりを行なっていくことが大切ですが、家畜排せつ物を主原料とする堆肥は水分を多く含み、運搬効率が悪く経費がかかるなどの課題も少なくありません。それに対し、使いやすい堆肥がどこでも手に入る環境を整えるよう、広域流通が期待できるペレット堆肥について、その普及もあわせて進めていきたいと考えています。

――みどり戦略は農水省だけでなく、政府全体で進めていくものになっているのでしょうか。

岩間　みどり戦略は農水省が策定したものですが、予算要求や関係府省との連携のため、「骨太方針」などの政府方針への反映をねらって、検討の当初から、本年5月の策定に向けて集中的に検討を進めてきました。実際に、6月18日に閣議決定された骨太方針や成長戦略などの政府全体の方針に「みどりの食料システム戦略の推進」が明記されています。また、経産省が中心となって策定した「グリーン成長戦略」でも、昨年12月版ではカーボンニュートラルの記述しか入らなかったのですが、本年6月の改定版では化学農薬・化学肥料の低減、有機農業など、みどり戦略に書かれているすべての要素が反映されました。したがって、みどり戦略は、政府全体で推進する位置付けとなり、今後、関係府省と連携して、予算要求や法制化を進めていく段階になったといえます。

■意見交換会ではどんな議論があったか

——戦略への意見はどのように集約したのですか。

岩間　昨年12月21日に、みどり戦略の「策定に当たっての考え方」を取りまとめ、これを基に本年の年明けから意見交換会を22回行なってまいりました。品目ごとに化学農薬・化学肥料の低減や有機農業に取り組む生産者、JA全中、JA全農や、農薬・肥料・農業機械メーカー、消費関係団体、また、林業・水産業の関係者の皆様からご意見をうかがいました。

「策定に当たっての考え方」の段階では、数値のない定性的な目標を掲げました。一方、EUの「Farm to Fork戦略」や米国の「農業イノベーションアジェンダ」など、各国は中長期の数値目標を出しています。われわれもその点は意識して、数値目標の検討を事務レベルで進めてはいましたが、戦略で掲げる以上は、フィージビリティー（実現可能性）が重要となります。すなわち、2050年に目指す姿として、今後、関係者の行動変容や技術革新を見込んだ場合に、現場で意欲的に取り組む皆様に受け止めていただける目標かということです。このため、農水省の大臣、副大臣、政務官や事務次官、関係局長等が、環境負荷の軽減を実践する生産者や事業者の皆様の取組やご苦労、この戦略で掲げる数値目標のあり方等について率直なお話をうかがう意見交換のプロセスを設けました。

意見交換には、いわゆるトップランナーと呼ばれる意欲的に取り組む方、関係する業界や団体の方にお声がけしました。また、議論のなかで数値目標や具体的な水準のお考えを広くうかがうように努めました。様々な創意工夫で実際に農薬・肥料を5割減らしたという話や、日本では稲作の有機農業技術が進んでいるので、そこを広げるべきという話もうかがいました。全体として、戦略の方向性に大きな異論はなく、関係者が大きく変わっていこうと意欲を持って取り組める具体的な数値目標、２０５０年に向けて野心的な数値目標を掲げるべきというご意見を多くうかがいました。最終的には、トップランナーの目線から２０５０年に目指す姿としてフィージビリティーのある数値目標になったと私は考えています。

――化学農薬や化学肥料のメーカーはどんな意見だったのでしょうか？

岩間　農薬メーカーには外資系の方もいらっしゃったのですが、カーボンニュートラルや環境保全に対する社会的関心が大きく変化しており、農薬メーカーも意識を変えて臨んでいく、また、より環境負荷の小さい農薬や生物農薬の開発に加え、耐病性品種の導入や発生予察の精度向上等も含め、農薬使用量の削減が可能というお考えでした。化学肥料も、堆肥入り複合肥料や粒状有機肥料の開発や、効率的な施肥方法によって使用量を減少させていくというお考えでした。

――国内メーカーもそうだったのですか？

岩間　そうですね。なお、農薬の場合は、昔に比べて安全性は増しているし、施用量も減っているという御指摘をいただきました。もともと農薬・肥料の使用量を減らす努力をしてきているし、実際のトレンドでも減っているということです。

――パブリックコメントではゲノム編集を認めるべきでないという意見が最も多く寄せられたと思いますが…。

岩間　パブリックコメントでは、ゲノム編集などによる食や環境への不安・懸念に関する御意見を多くいただきました。こうしたご指摘を踏まえ、本文に、「国民理解の促進」という項目を新たに設けました。特に、革新的な技術・生産体系の実用化に際しては、食や環境への安全の確保は当然のことですし、そこでは「科学的知見に基づく合意形成」が重要と考えています。行政担当者としては、やはり科学的な知見に基づく判断がなければ客観的な議論ができないので、そこを基本に据えて、国民への情報発信と双方向のコミュニケーションを丁寧に不断の取組として進めていくことを明記しました。

消費関係団体の方との意見交換でも、「食品安全や健康に関する政策は科学に基づいて打ち出すべき。ゲノム編集や遺伝子組み換えについても、食料確保のためには、科学的な検討をしてもよい」というご意見をいただきました。コロナ禍で、今まで当たり前だったことが、実はそうではないことが現実に起こっているなかで、新技術そのものを否定するのではなく、あくまでも科学的な判断に立って、社会に役立てていくという視点であり、非常に大事なことだと思います。

また、印象的だったご意見は、水田作の生産者からいただいたカメムシの被害粒対策についてです。カメムシの害で1000粒に2粒の斑点米が出ると、コメの等級が下がってしまいます。それを防ぐためにはネオニコチノイド系の農薬が効果的なのですが、最新の色彩選別機では斑点米を機械が自動判別してはじくことができる。その結果、カメムシの農薬防除を行なわなくてもよくなったというお話でした。これは一例ですが、こうした実用化技術も活かした新しい有機農業や、いきなり有機農業は難しくても、既存の優れた技術を導入しながら化学農薬・化学肥料を減らすなど、生産者の皆様の意識やスキルに応じて、できるところから始めるアプローチができればと考えています。

■戦略への国民の理解をどのようにして深めるか

――今後、予算を含めて施策をどのように進めていくのでしょうか?

岩間　消費や生産のあり方を変えるインセンティブとなる政策誘導の手法には、補助・投融資・税・制度等がありますが、慣行的な農法から環境に配慮した農業に切り替えていくために政策誘導の手法に環境の観点を盛り込む「政策手法のグリーン化」を段階的に進めていくこととしています。現在、令和4年度の概算要求や法制化に向けて、省内で検討しているところです。

みどり戦略への現場でのご理解を深めていただくため、この6月から省を挙げた周知活動を進めていますが、この戦略が現場まできちんと届き、「よし、やってみよう」と実践していただくまでには、関係機関と連携した入念なプロセスが必要になると思っています。例えば、既に自分の営農スタイルを確立して、おいしい農産物を安定生産している方に化学農薬・化学肥料を低減するため、栽培方法を大きく見直してくださいといっても、すぐに賛同が得られる話ではないと思います。戦略本文にも書きましたが、現場の皆様のご理解をいただきつつ、求められる目標や水準の達成に向けて、ステップアップを志向する方の取組を後押ししていく考えです。

――戦略を読むと、目立つのは「革新的なイノベーション」なので、お金も全部そちらに行ってしまう気がするのですが。

岩間　最初の方でも申し上げましたが、生産力向上と持続性の両立が、現在の取組の延長で実現できるものかと言えば、なかなか難しい。実際に、今までにない革新的な技術・生産体系が生み出され、現場で使われるようになるまでには様々なプロセスが必要であり、時間もかかることから、戦略では2050年の目指す姿の実現に向けた中長期的なイノベーションの必要性を記述しました。一方、温室効果ガス削減の目標年次は2030年となっており、あまり時間がないことから、むしろ今ある優れた技術をしっかり広げていくことが大事になる。例えば、有機農業の技術は、現場で培われたものが多いことから、既存の優れた技術の横展開や持続的な改良が重要になってきます。

したがって、時間軸を考えれば、現場で培われた優れた技術の横展開・持続的な改良と、将来に向けた革新的な技術・生産体系の開発の両方を組み合わせるとともに、技術の内容に応じて、産学官と現場が地域の実情に応じて連携して取り組むことが重要と考えています。既に、農業の環境負荷軽減に取り組んでいる自治体などから学ぶべきことは多いと思います。

――みどり戦略の効果についてはどのようにお考えですか？

岩間　本文で「本戦略により期待される効果」として、経済、社会、環境の3点を記載しました。経済面の効果としては、持続的な産業基盤をつくること。化学肥料の原料は輸入に依存しており、窒素、リン酸、カリの三要素のうち、リン酸、カリは100％が輸入原料です。最近は原料価格が上がっており、自国内で調達できる割合が高まれば安心材料につながります。肥料や飼料といった資材やエネルギーを国産に切り替えていけば、持続的な産業基盤ができていく。

それをリカバリーする技術として、例えば下水処理場の汚泥からリンを回収する技術があります。下水管の内部でリンが沈着してつまってしまうので、リンを回収して肥料にするのは下水管のメンテナンスにもよいことなのです。神戸市ではそうして回収した肥料を使って生産した米を学校給食でも使っているそうです。コスト的な課題はありますが、肥料の物質循環が成り立って、食の地産地消にもつながっていくわけです。

農産物の輸出を考えたときも、環境に配慮して生産された農産物は海外での評価が高いことから、CO_2削減、化学農薬・化学肥料の低減は、国産農産物に対する相手国の評価を高め、輸出拡大にも寄与すると考えています。

また、既にお話ししたように、労働負荷の高い作業、現場から目を離せない作業が、新しい技術を使うことによって、労働安全性や労働生産性が向上し、農林水産業の働き方改革につながると考えています。

今、農業をしている高齢の方も安心して働くことができて、家族も育児や介護等との両立が可能になる。また、新技術の活用により農業の技術的なハードルが下がれば、地域内外の多様な人材が農林水産業と関わりを持ち、参画する機会も増える。農林水産業の新たな「支え手」――即戦力としての「担い手」ではなくても、担い手と一緒に地域の農林水産業を支える人材も育っていくことを期待したいです。

――「支え手」というのは新しい言葉ですね。

岩間　ここは基本計画との関係も意識して書きました。今後、10年程度の間に、生産者の一層の減少・高齢化が見込まれるなか、需要の変化に対応した農業生産を行なう「担い手」の確保は重要ですが、担い手だけでは手が回らない地域では、現実問題として、地域の生産基盤をいかに維持するかを考えなければなりません。「支え手」が増えれば、地域の人材の厚みが増して、「生産者のすそ野の拡大」、生産基盤の強化につながっていくということです。リモートも活用すれば、指導役となる担い手の指示に従い、作業役となる複数の支え手が参画して、地域を越えた一つの生産集団になることもできると考えています。

それから社会面の効果として、「国民の豊かな食生活と地域の雇用・所得の増大」ということで、生産者・消費者の相互理解が進み、日本型食生活が広がることで国民の食生活の質がよくなるということが期待されます。

また、リンの回収のような新技術を使うことで、今はまだビジネスに見合わない地域資源が価値を持つようになれば、地域内の経済循環が確立されていく。さらに、コロナの時代にあって、リモートワークが進んでいけば、地域内外の多様な人々が地域に居住し、交流する機会が増える。そういうライフスタイルの変化によって、地域の雇用・所得の拡大とコミュニティの活性化が進む。都市と農村が共生する社会が形成されていくということです。それが国民の幸福度（ウェルビーイング）の向上、物質的な満足度ではなくて、精神的な豊かさにつながっていく。

最後に、環境面の効果については環境と調和した持続可能な食料生産、農林水産業の実現です。再エネを含めて安心して暮らせる地球環境の継承につながる。

――このあたりのことは「中間取りまとめ」でも書いてありましたでしょうか？

岩間　ある程度は書いていましたが、いろいろな方と議論するなかで、最終的に、より「とがった形」で書き足しました。どうしても個別の政策に関心が向かいがちになりますが、経済・社会・環境という大きなフレームで全体を俯瞰していただければと思います。

3月の中間取りまとめでは、数値目標の設定に重点を置いて、意見交換等を踏まえたKPI（注5）を充実させました。最終的な文章は、いただいたパブリックコメントや審議会等でのご意見にできるだけお応えできるよう、全体的に文章を整理したつもりです。特に、国民理解の促進や、イノベーションにおける既存の優れた技術の横展開、期待される効果についての記述についてはご意見をかなり取り入れさせていただきました。

■大胆な数値目標と工程表を掲げた意味は

――工程表にかなりのページ数を費やしていますね。

岩間　最終的に2050年までの技術工程表を掲げました。民間企業の方からも、将来、どのような技術がいつごろに開発されるのかの目安が明示されれば、スケジュール感を持って事業展開ができるというご意見もいただきましたので、できるだけ具体的に書くよう努めました。これから開発するものだけでなく、「既存技術の社会実装」という項目も追加して、既存の優れた技術を横展開していく点も意識しました。

また、2030年に温室効果ガスを2013年度に比べ46％削減するという新たな目標を踏まえ、2030年までに社会実装を目指す地球温暖化対策の取組の工程表についても追加しました。

もう一つは5年間の技術工程表です。2050年までの工程表では、スケールが長すぎるので、直近の5年間に2030年を加えて、どういう技術が確立していくかをより具体的に整理しました。

――戦略に掲げた目標は、EUと似たようなものもみられますが、EUを意識したのですか。

岩間　EUの「Farm to Fork戦略」は、2030年がゴールですが、みどり戦略は2050年としました。目標の数値は一見すると似たものもありますが、目標年次が大きく異なっており、数値目標の意味合いも全く別のものという認識です。日本の温暖湿潤な気象条件や小規模な生産構造を踏まえれば、イノベーションの創出・社会実装のために、2050年までの時間軸は必要と考えていますし、みどり戦略はアジア・モンスーン地域の持続的な食料システムのモデルとして諸外国に提唱し、国際ルールメイキングに参画していくための基本的な考え方にもなりますので、むしろそこは、欧米の戦略との違いを意識したつもりです。

そういう意味で、あくまでも現場の皆様に無理な負担をお願いするということではなく、環境負荷の軽減や労働安全性・労働生産性の向上につながる新技術の開発を関係府省と連携しながら進めていくこととセットでとらえているということです。

例えば農林水産業では農業機械や漁船を電化していくという課題がありますが、乗用車とはちがってトルクを要する農業機械の電化は技術的に高出力のバッテリーやモーターの開発が不可欠であり、建設機械の電化と一体的に、他産業と連携して開発を進める必要があります。また、こうした環境負荷の軽減につながる日本発の農業技術や機械が生み出されれば、アジア・モンスーン地域の新たな市場開拓にもつながっていくと考えています。

――それにしても、農水省としてはいままでにないような思い切った目標が掲げられています。有機農業の目標など、省内から異論は出なかったのでしょうか？

岩間　農水省らしくない大胆な戦略だという反応を多くうかがいます。今まで、生産力向上の方針はありましたが、生産力向上と持続性との両立を掲げた方針は初めてであり、様々なご評価があることも承知しております。現在、関連施策の具体化に向けた検討を進めていますが、生産現場のご理解を得ることが最も重要であるとの考えの下、戦略の考え方や背景を丁寧に説明する周知活動に力を入れているところです。また、この7月からは、みどり戦略の司令塔となる大臣官房環境バイオマス政策課が新たに設置されました。

省内での検討過程でも、様々な議論はありましたが、技術的な検討や、生産者の皆様との意見交換等を経て、具体的な数値目標や取組内容が整理されたと感じます。例えば、有機農業の拡大には、生産面の取組だけでなく、それを支える消費面からの市場創出が不可欠であり、有機の流通に携わる方と意見交換も行なっています。データでみても、有機食品の市場規模は、我が国では過去8年間に4割拡大している一方、世界では過去10年間に2倍に拡大しています。また、1人当たり年間の有機食品消費額は日本の１４０８円に対して、米国は１万５９３６円、スイスは３万９９３６円となっており、他の国と比べれば、我が国はまだまだ拡大の余地があると思っています。

農林水産業は、それ自身がCO_2の吸収源となる重要な産業であり、気候変動をはじめとする環境対策を「コスト」としてネガティブにとらえるのではなく、新たな成長への機会ととらえ、前向きに対応していく考えです。我が国の食料・農林水産業のあり方について国民的に考える機会となり、意欲的に取り組む現場の皆様や関係機関相互の連携・協働につながるよう、本戦略の推進に努めてまいります。（談・文責　編集部）

（編集部注）

（注1）Farm to Fork戦略（農場から食卓へ戦略、略称Ｆ２Ｆ）
ＥＵが欧州グリーンディールの中核として位置付ける政策。２０３０年までに化学農薬の使用量とリスクを50％削減するなどの数値目標が掲げられている。関連記事49頁。

（注2）バックキャスト（backcast）　未来を起点に現在の解決策を考えていく思考法のこと。バックキャスティング（backcasting）ともいう。

（注3）横展開　トヨタに由来するビジネス用語。横方向に事実や手法の共有を図ること。

（注4）社会実装　研究成果が機械に部品を取り付ける（実装する）ように、具体的な製品や行政サービスの形で社会に組み込まれること。

（注5）ＫＰＩ　Key Performance Indicatorの略で、日本語に訳すと「重要業績評価指標」。目標を達成するうえで、その達成度合いを計測するための定量的な指標のこと。

「みどりの食料システム戦略」への期待と懸念

鈴木宣弘

減化学農薬・肥料、有機農業に向かう世界の潮流

「みどりの食料システム戦略」（以下「みどり戦略」）が出てきた背景として、世界の潮流が減化学農薬・肥料、有機農業に向かっていることをまず知る必要がある。世界の農薬企業と規制当局との癒着も明るみになり、特に、ＥＵの消費者は規制当局の「安全性」を信頼せず、化学農薬に対する独自の厳しい基準を採用する方向へ政府を動かしてきた。それに呼応してＥＵへの農産物輸出国も厳しい基準値を採用し、いつの間にか、日本が、世界で最も農薬基準の緩い国になってきていることが農水省の調査でも明らかになっている。有機農産物が国内の生産・消費に占めるシェアも諸外国に大きく水をあけられている。

こうしたなかで、さらに、農薬使用量の半減や有機農業面積を25％に拡大するなどを目標とする欧州の「Farm to Fork」（農場から食卓まで）戦略、カーボンフットプリント（生産・流通・消費工程における二酸化炭素排出量）の大幅削減などを目標とする米国の「農業イノベーションアジェンダ」が２０２０年に公表された。これを受けて、我が国でもアジアモンスーン地域における農業のグリーン化（環境負荷軽減）モデルを策定して、世界の食料・農業グリーン化のルールづくりにも積極的に参画するために「みどり戦略」

の策定が進められた。ここには、欧米主導で、厳しいグリーン化ルールが国際スタンダードになり、貿易障壁になってくることを回避するため、モンスーンアジアの特殊性を前面に出しつつ、緩やかなグリーン化目標を国際的に主張していこうという意図も働いたと推察される。

農水省の新たなチャレンジ

「みどり戦略」は、農水省の新たなチャレンジであり、持続的な食料システムの構築に向け、
①２０２０年基本計画に掲げた生産基盤の強化を持続性ある形で進める（基本計画は閣議決定、みどり戦略は農水省策定）、
②時間軸を設け、革新的な技術開発と社会実装（研究成果を社会問題解決のために応用すること）を段階的に進める、
③生産者、事業者、消費者が各段階で取り組む、
という点がポイントと説明されていた。
「みどり戦略」の策定では、２０５０年までの目標として、農林水産業のゼロエミッション（排出するCO_2と吸収するCO_2の量を同じにする、すなわちカーボン・ニュートラル）化、ネオニコチノイド系を含む化学農薬使用量の削減、有機農業面積の拡大、地産地消型エネルギーシステム構築に向けての規制見直し、政策のグリーン化（一定レベルの環境に優しい農法をしていないと農業補助金が受給できない＝クロス・コンプライアンス）などが検討された。

また、「みどり戦略」では、目標の実現行程も段階的な進め方を具体的に提示しようとしている点も、ただのアドバルーンにしないための従来にない工夫である。さらには、世界的に遅れをとっている日本の農薬基準の見直しについては、見た目重視の消費者・流通業者の意識改革を進めることも視野に入れており、多角的な取り組み姿勢が示されている。

有機栽培面積100万haの衝撃と期待

この「みどり戦略」では、当初は、化学肥料・農薬などの削減や有機栽培についての目標値はＥＵのようには示されないのではないかと思われた。ところが、農水省は一瞬耳を疑うような画期的な数値目標を打ち出した。

農水省は、２０５０年までに稲作を主体に有機栽培

面積を25％（100万ha）に拡大、化学農薬5割減、化学肥料3割減を掲げたのである。EUの2030年までに「農薬の50％削減」、「化学肥料の20％削減」と「有機栽培面積の25％への拡大」とほぼ同じだ。高温多湿で零細な分散錯圃の水田農業というアジアモンスーン地域を考慮し、目標年次はEUの2030年より大幅にずらした。

世界が減化学農薬・肥料、有機栽培の方向に動いていることは間違いないなか、農水省は有機農業を半ば異端児的に無視してきた時代が長くあり、近年、変化が生じてはいたが、一層の抜本的な意識改革が必要になってきていた。農薬企業やJAも世界の潮流に対応して代替農薬などにシフトしないと長期的にはビジネスもできなくなるという意識改革が必要だった。生産サイドも有機需要の拡大に対応できなければ、「海外産有機大豆の有機豆腐」などに市場を奪われ、輸出を伸ばすどころではない。

遠い長期の目標なので総論賛成でまとまった側面もあるが、農水省内の異論も克服され、農水省、農薬企業、JAが長期的な方向性について世界潮流への対応（代替農薬、代替肥料へのシフト）の必要性の認識を共有し、大きな目標に向けて取り組むことに合意できた意義は大きい。化学肥料原料のリン酸、カリウムが100％輸入依存であることも肥料の有機化を促す要因となったと推察される。

日本の有機農業運動、消費者・市民運動の成果ともいえよう。日本の有機食品への支出額が将来的にはスイス並みまで増えると想定すれば、100万haはそれほど非現実的な数字ではないようだ。しかし、消費者の意識改革がさらに加速しなければ、この目標は到底達成できない。EU政府を動かし、世界潮流をつくったのも消費者だ。最終決定権は消費者にあることを日本の消費者もさらに自覚したい。

有機農業の本質が歪められてしまわないかという懸念

しかし、大きな懸念もある。有機農業の中身が違うものになってしまわないかということである。実は、代替農薬の主役は害虫の遺伝子の働きを止めてしまうRNA農薬というもので、化学農薬に代わる次世代農薬として、すでにバイオ企業で開発が進んでいる。化学農薬でないからといって、遺伝子操作の一種である

RNA農薬が有機栽培に認められることになったら、有機栽培の本質が損なわれる。

さらには、有機栽培面積の目標を100万haと掲げる一方、予期せぬ遺伝子損傷などで世界的に懸念が高まっているゲノム編集について、無批判的に推進の方向を打ち出している点は大きく矛盾する。そのうち、ゲノム編集も有機栽培に認めるつもりなのだろうかと疑われてしまう。

スマート農業の目指す農村の姿

「みどり戦略」には、イノベーション、AI、スマート技術などの用語がこれでもかというほど並んでいる。そこには「高齢化、人手不足だから、AIで解決する」という方向性が示されているわけだが、一見すると、人がいなくなって、企業的経営がぽつんと残り、コミュニティが崩壊した未来社会像が透かし見えてくるようだ。「多様な農家が共存してコミュニティが持続できる姿」はそこにはない。

現にバイオ企業などはスマート農業技術も含めて、農業生産工程全体をトータルに包含したビジネスを展開しつつある。たとえばモンサント（2018年にバイエルと合併）は化学肥料ビジネスに遺伝子組み換え作物をセットにして急成長し、さらに、2013年に新たな戦い方を求めて、農業プラットフォームサービスのClimate Corporationを買収した。その仕組みとは、自社を食料供給のソリューション提供企業へと変えることであった。Climateを通じて、これまで同じ業界でも異なる業種であった農業機器の製造・販売大手のAGCOとデータの相互接続をしたり、農機具メーカーのJohn Deerのオペレーションセンターと相互接続をしたりといった組み合わせが次々と起きていった。この組み合わせから、農地の肥沃度管理や区画ごとの収量分析、地域の気象データ確認などの作業を一つのプラットフォーム上で行なうことができるデジタル農業技術ソリューションを提供するというわけである。

さまざまな人や国、企業がモンサント・Climateと相互接続し、価値を高めていくなかで、農業生産者はますますClimateを利用することになる。そしてClimateの利用が促進されればされるほど、そこに集まるデータを基にモンサントや他の企業はユーザーに満足度の高いサービスや製品を提供していくことができる。つまり、大きな円を描くエコシステムが生まれる（中村祐介「デジタル革命（ＤＸ）が農業のビジネスモデルさえ変えていく」2020.2.20 https://www.sapjp.com/blog/archives/28117）。

モンサントが買収したClimateは人工衛星によるリアルタイムモニターをアプリで行なって、使うべき農薬や化学肥料、種苗までを提案すると宣伝している（印鑰智哉氏）。

ここに、ＧＡＦＡ（注1）などのＩＴ大手企業も加わることで、最終的には農家は追い出され、ドローンやセンサーで管理・制御されたデジタル農業で、種から消費までの儲けを最大化するビジネスモデルが構築され、それに巨大投資家が投資する姿も見えてくる。現に、今年9月に開催予定の国連食料システムサミットは、ビルゲイツ氏らが主導して、こうした農業を推進する一環としようとしているとの見方もある。実際、ビルゲイツ氏は米国最大の農場所有者になり、マクドナルドの食材もビルゲイツ氏の農場が供給しているとのニュースが最近も米国で放送された（ＮＢＣニュース、２０２１年6月9日）。

既存の優れた技術の「横展開」こそ重要

こうした流れは、一見すると、中小経営や半農半Ｘ（半自給的な農業とやりたい仕事を両立させる生き方）も含む多様な経営体が地域農業とコミュニティを支えることを再確認した、新たな食料・農業・農村基本計画と相反するように思われる。しかし、「みどり戦略」の策定は、新基本計画に多様な経営体の重要性を復活させた人たちによって行なわれており、「大規模化のための技術でなく、篤農家でなくても誰でも農業ができる技術を普及することで、農業や有機農業のすそ野を広げ、農村に人を呼び込めるようにしたい」という意図が示されている。

だから、有機稲作での「抑草法」（二度代掻き、成苗1本植えなど、雑草の生理を科学的に把握したうえでの農法）など、すでにある優れた有機農業技術の普及の重要性が軽視されてはならない（久保田裕子氏）。しかし、今の計画では、２０３０年までは、既存技術の「横展開」で、有機栽培面積割合は、わずか1・6％までしか増えず、その後の新たなイノベーションで急角度に「テイクオフ（離陸）」する予定になっており、既存技術の普及の重要性が十分認識されているようには思えない。

こうした点の是正を含め、大規模スマート有機栽培だけを念頭に置いて、さらなる企業利益の追及だけに利用されてしまうことのないように、小規模・家族的農林漁業などを含む多様な農業に配慮する方向性がしっかりと組み込まれ、地域の inclusive な（あまねく包含する）発展につながる戦略になるよう、各方面からのインプットが重要と思われる。具体的な予算措置を含む実現行程の明確化も不可欠である。

本当に持続できるのは、人にも牛（豚、鶏）にも環境にも種にも優しい、無理をしない農業だ。自然・生態系の摂理に最大限に従い、その生態系の力を最大限に活用する農業（これはアグロエコロジーに通じる。アグロエコロジーについては吉田太郎氏、印鑰智哉氏らの論考参照）だ。こうした農業が経営効率が低いかのようにいわれるのは間違いだ。最大の能力は酷使ではなく優しさが引き出す。人、生きもの、環境・生態系に優しい農業は長期的・社会的・総合的に経営効率が最も高い。不耕起栽培や放牧によるCO_2貯溜なども含め、環境への貢献は社会全体の利益である。「みどり戦略」が農水省の意図を超えて、ビルゲイツ氏らが描くような、農家がいなくなり、デジタル農業で投資家が利益をむさぼるような世界に組み込まれていくことがあってはならない。

（注1）ＧＡＦＡはグーグル（Google）、アップル（Apple）、フェイスブック（Facebook）、アマゾン（Amazon）の頭文字をとった造語。

すずき・のぶひろ　東京大学大学院農学生命科学研究科教授。農学博士。１９５８年生まれ。農林水産省、九州大学教授を経て現職。専門は農業経済学。食料・産業・農村政策審議会委員、ＪＣ総研所長等を歴任。著書『食料の海外依存と環境負荷と循環農業』（筑波書房）、『農業消滅　農政の失敗がまねく国家存亡の危機』（平凡社新書）ほか多数。

有機農業と環境保全型農業の「二正面作戦」で目標実現を

蔦谷栄一

一体化して展開すべき「みどり戦略」と基本計画

ＥＵが２０２０年５月にグリーンディール政策の柱の一つとして「Farm to Fork」を決定したのをはじめとして、国際的に農業分野での環境負荷低減に向けた取組みは強化されつつある。これに対し、20年４月にスタートしたわが国の基本計画では環境問題について基本課題として取組みの必要性を上げながらも、具体的な取組方策が打ち出されたわけでもなく、わが国の動きの鈍さは否定しようもなかった。基本計画スタート直後に出された「Farm to Fork」の〝衝撃〟と菅首相の就任にともなう所信表明演説でのカーボンニュートラル宣言が、この時期での「みどり戦略」決定に大きく作用したことは間違いない。

これに対し農水省は、菅首相のカーボンニュートラル宣言の前、基本計画のスタート直後から「みどり戦略」の検討作業を開始していたとする。事実そうだろうと思う。この基本計画では時代の流れに対応できないという認識を持ちながらも諸事情もあって十分な整理ができないままスタートせざるを得なかったというのが実情なのであろう。本来であれば基本計画に盛り込まれるべき環境負荷低減に対する取組方策を、後追いで、技術会議を主管に、２０５０年を目標とする長期スパンにしての「みどり戦略」という形でとりまとめたものと理解している。本来は基本計画に盛り込むべきものを後出しすることになったのが「みどり戦略」であり、少なくとも政策上は、4年先の次期基本計画ではなく、「みどり戦略」は今回の基本計画と一体化させて着手・展開していくものとして位置づけるべきと考える。

失われた30年。やっと出た「みどり戦略」

「みどり戦略」についてはいきなり出てきた唐突感と同時に、2050年での目標の一つである有機農業の面積比率に代表されるように、現状の0・5%に対して目標値25%（100万ha）と目標のハードルの高さが際立つ。現実との大きなギャップを余儀なくされる背景に、〝失われた30年〟があることを見逃すわけにはいかない。

農業基本法が施行されたのが1961年であり、その前後から農機具導入とあわせて化学肥料・化学農薬を利用しての〝農業の近代化〟が進行してきた。59年には総合防除が提唱されるとともに、71年には有機農業研究会が発足し、産消提携も見られるようになってきた。そしてガットウルグアイラウンドでのアメリカとの交渉妥結に向けEUが環境政策を楯に生産と所得の分離（デ・カップリング）をはかったが、これを横にらみしてわが国もいわゆる新政策を打ち出し、その中に環境保全型農業が位置づけられることになった。この流れを受けて食料・農業・農村基本法の施行とあわせて持続農業法も成立した。一方、2001年に有機基準認証制度がスタートし、06年には有機農業推進法が施行された（表1参照）。

このように法的・制度的には一応の措置が講じられてきたわけではあるが、実態は先に見た通りEUはもちろん、お隣りの韓国（2016年有機比率1・2%。無農薬・無化学肥料も合わせると4・8%）に比べても大きく劣後している。いろいろの原因が考えられるが、自民党農政が大規模化・効率化・所得向上に偏重し、長年にわたって環境政策を軽視してきたことの影響は大きく、30年もの機会損失を発生させてきたことについてはしっかりと見定めておくことが欠かせない。

そうした背景をも勘案すると、「みどり戦略」はやっと出てきた、という感慨を持つと同時に、それだけにハードルの高さを痛感する。

表1　有機農業等をめぐる動向（年表）

	日本		海外	関連事項
	有機農業	環境保全型農業		
～1970年代	1971 有機農業研究会発足 70年代「産消提携」	1959「総合防除」提唱		1961 農業基本法施行 1967 公害対策基本法 1979 有吉佐和子『複合汚染』
80年代	1987 農業白書で有機農業紹介		1985アメリカ・低投入持続型農業（LISA） 1987 EC理事会規則	1986 チェルノブイリ原発事故 1988 公正取引委員会による「無農薬」等表示農産物の不当表示摘発
90年代	1992「有機農産物及び特別栽培農産物に係る表示ガイドライン」制定	1992 新政策に環境保全型農業位置づけ 1999持続農業法施行	1992 EU・共通農業政策（CAP）改革 1998 韓国・環境農業育成法制定 1999 コーデックス委員会で有機国際標準制定	1992 リオデジャネイロ「地球サミット」で環境と開発に関するリオ宣言 1993 ガットウルグアイラウンド合意 1996 O-157食中毒事件 1997 京都議定書調印 1999 食料・農業・農村基本法施行
2000年代	2000 JAS規格制定 2001有機基準認証制度発足 2005 JAS法改正 2006 有機農業推進法成立	2005 農業生産活動規範（クロスコンプライアンス）策定 2005 総合的病虫害・雑草管理（IPM）実践指針公表 2007 農地・水・環境保全対策		2001日本で最初のBSE発見 2005 経営所得経営安定対策等要綱 2006 ゴア元米国副大統領主演映画『不都合な真実』
10年代～	2021（みどり戦略）有機農業取組面積割合25％（100万ha）(2050目標)打出し	2011 環境保全型農業直接支払い対策 2021（みどり戦略)化学農薬使用量50％低減・化学肥料使用量30％低減(2050目標)打出し	2020 EU・「Farm to Fork戦略」決定	2010 名古屋でCOP10開催 2015 国連サミットでSDGs採択 2015 パリ協定合意 2018 IPCC特別報告書 2019 ～家族農業の10年 2021 みどりの食料システム戦略決定

資料：蔦谷栄一　作成

逃れられない目標といくつもの課題

そこであらためて2050年の目標について考えれば、有機農業比率25%はEUが打ち出したFarm to Forkの30年の目標数値に並ぶ。これを日本はカーボンニュートラルゼロを目指す50年に合わせて実現しようとするもので、20年遅れの実現を目指す。国際的にはカーボンニュートラルゼロのためにも、有機農業比率25%は先進国としてクリアすべき要件と化している。国際社会の中で協調していくにあたり、これらの目標はもはや逃れられない数値であり、「できない」ではすまされない。「やるしかない」と考える。すなわちこれを日本農業の質的転換をはかり、環境負荷低減をはかる好機としていくしかない。

このためにはいくつもの課題が山積みになっている。早々に取り組むべき課題をあげてみれば、第一が、「みどり戦略」がねらいとする「生産力向上と持続性の両立」の「持続性」とは何か、その概念の明確化が不可欠である。化学農薬・化学肥料の削減や有機農業拡大のねらいが持続性の確保にあるとするならば、その中身を明確にしなければ話はすすまない。筆者は、自然循環、生物多様性、CO_2排出の抑制が基本で、これにいくつもの要素が付随すると考える。第二に、持続性確保への取組内容なり成果を指標化・計数化して「見える化」することが絶対に必要だ。生産者も、これを支える消費者も、具体的な取組みの成果が実感できるものであることが肝心だ。「見える化」の一つのイメージが表2(40~41頁)である。第三に、持続農業法、有機農業推進法等々混在する法・制度の見直し整理が必要となる。第四に、これらを踏まえて持続性の高い農業への助成策が不可欠で、取組みの程度によって助成金が高くなるようインセンティブを盛り込んでいくべきであろう。

以上が、政策面での当面する課題であるが、第五として、現場レベルで持続性のある農業の取組みを拡大していくためには、地域営農計画レベルにまで取組みを落とし込んでいくことが絶対要件となる。これは目標実現の大きなカギをJAグループが握っているということでもある。第六が、生産者と消費者との連携強化と自治体(行政)も入っての一体的推進が必要となる。このためにはEUで大きな成果をあげたとされる生産者・消費者・行政が一体となって協議・推進してきたオーガニック会議の日本版会議（例えば、「持続農業会議」）を、全国・地方・地域に各々設けて協議・調整を重ねるとともに連携を強化していくことが求められる。

在来技術の再評価とその普及

あわせて「みどり戦略」に取り組んでいくに当たって、技術によるイノベーションへの過大な期待と依存ゆえに持つ危うさと同時に、多様な技術のメニューと化した「みどり戦略」は戦略とはなり切っておらず、別途「展開戦略」が必要であることを強調しておきたい。

「みどり戦略」ではさまざまな技術開発が取り上げられており、まさに技術のアラカルトの観を呈している。政府の成長戦略の一端を担うための技術開発を意図しているのが実情で、現場目線とのずれは大きい。担い手の高齢化・不足等でスマート技術も必要な面があることは確かであるが、総体としてはコスト増が必至であり、それだけにこれら開発技術を利用するのは企業的な農業者に偏り、むしろ家族農業の淘汰に作用することが懸念される。また機械化・高度技術化するほどに、農業の産業化が進行し、農作物を商品、土壌・田畑を生産資材・基盤としてしか見えなくなるきらいがあることも確かである。自然と共生しながら、恵みをいただくという感覚こそが大事であり、これが農業をする喜びであり醍醐味でもある。そしてこうした世界があるからこそ消費者も国産の農産物を支持するのではないか。ゲノム編集も含めて、競争原理に促されて技術開発に注力する以上に、これまで蓄積されてきた在来技術・民間技術を再評価し、これらの現代的な活

付随する要素②（C）				
担い手確保	地域ぐるみ	自然エネルギー利用	・・・	（A）+（B）+（C）

資料：蔦谷栄一作成

表2　持続可能な農畜産業・評価表（イメージ）

項目			基本要素（A）			付随する要素①（B）			
			自然循環	生物多様性	温室効果ガス排出抑制	化学合成農薬抑制	化学合成肥料抑制	・・・	（A）＋（B）
持ち点									
取組み									
農業	全国共通	カバークロップ							
		堆肥施用							
		不耕起							
		輪作							
		中干し							
		・・・							
		・・・							
		・・・							
	地域特認	・・・							
		・・・							
		・・・							
		・・・							
		・・・							
畜産	舎飼い	・・・							
		・・・							
	放牧	・・・							
		・・・							

用・普及に注力していくことが基本であり、それこそ目標実現のための近道ではないか。

必要な「二正面作戦」という「展開戦略」

次に是非とも必要と考える「展開戦略」についてである。注目は有機農業拡大に偏るが、目標実現のためには、①有機農業の拡大、②環境保全型農業によるボトムアップ、の二つの途がある。EUは①で、韓国は②を主にして取り組んできた。

ここで踏まえておきたいのが日本で有機農業が進展しなかった理由についてである。一般的には①アジアモンスーン地帯にあって病害虫・雑草が多い、②消費者の理解不足、③流通の未整備、④環境政策の軽視・政策支援の不足、等があげられることが多い。これらの要素は確かにあるものの、筆者が今考えている最大の理由は、⑤人と違ったことはしない、みんなで渡れば怖くないという日本人の意識構造であり、これは生産者のみならず消費者にも共通していること、⑥有機農業と環境保全型農業との現場での葛藤・分裂とともにに、政策も二頭化してきたこと、にあるように思われてならない。

この⑤、⑥を乗り越えていくためには、有機農業でいくのか環境保全型でいくのかについて生産者の意向をもとに地域性、生産品目等をも勘案して現場の判断に任せることにし、政策的には有機農業振興と環境保全型農業によるボトムアップの二本立てにしての「二正面作戦」により戦略展開をしていくことが重要と考える。一般論で言えば、有機農業比率を25％にするより、残り75％の農業の農薬・化学肥料を減らすなど、環境負荷を低減させるほうがたやすい。そして特に、環境保全型農業は地域・集落レベルで地域営農計画にしっかり落とし込んで取組みを推進していくことがポイントとなる。このためには繰り返しになるがＪＡグループの役割発揮が不可欠だ。「みどり戦略」の基本的ねらいは環境負荷の全体での低減にある。これをしっかりと見据えて、有機農業と環境保全型農業との葛藤、政策の二頭化を乗り越えていくところにしか目標実現の展望は描き得ないのではないか。

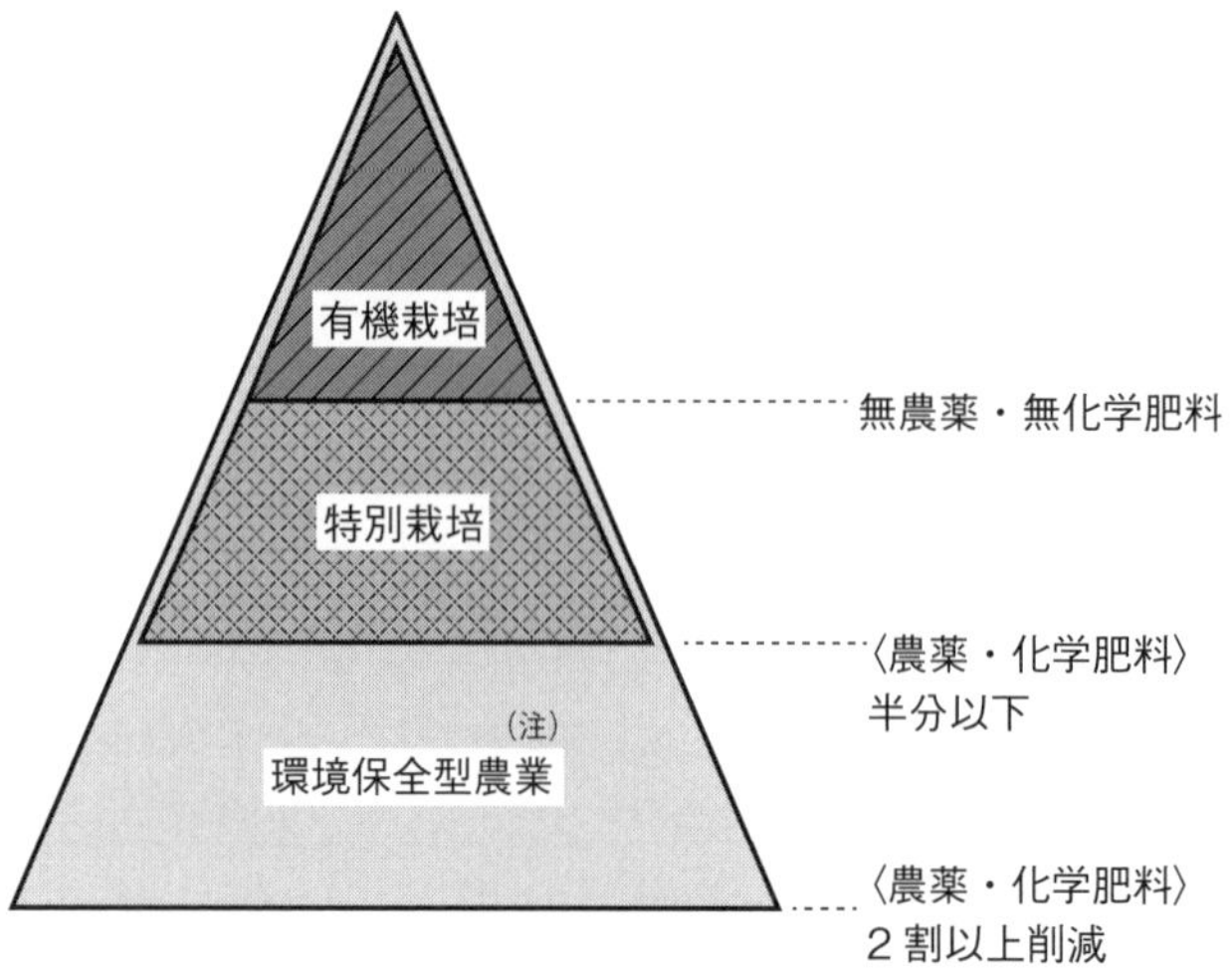

図　有機栽培、特別栽培、環境保全型農業の関係

(注) 1991年に打ち出された環境保全型農業の概念。2011年に開始された5割削減を要件とする環境保全型農業直接支払とは異なる。　資料：蔦谷栄一作成

つたや・えいいち　農的社会デザイン研究所代表。１９４８年生まれ。農林中央金庫農業部副部長、株式会社農林中金総合研究所常務取締役、特別理事などを歴任。著書『日本農業のグランドデザイン』（農文協）、『海外における有機農業の取組動向と実情』（筑波書房）など。

「みどりの食料システム戦略」の担い手像

小田切徳美

「みどり戦略」の構図

農林水産省「みどりの食料システム戦略」（以下、「みどり戦略」または「戦略」）が、２０５０年までに有機農業の国内栽培面積を１００万haに拡大するという目標を掲げ、話題となっている。しかし、農政論としてみれば、「戦略」はより広い枠組みを持っている。それは副題、「食料・農林水産業の生産力向上と持続性の両立をイノベーションで実現」に示されており、本文中でも、「このような生産力向上と持続性の両立を実現する鍵となるのが、食料システムを構成する関係者の行動変容と、それを強力に後押しするイノベーションの創出である」という内容の文章がくり返し登場している。

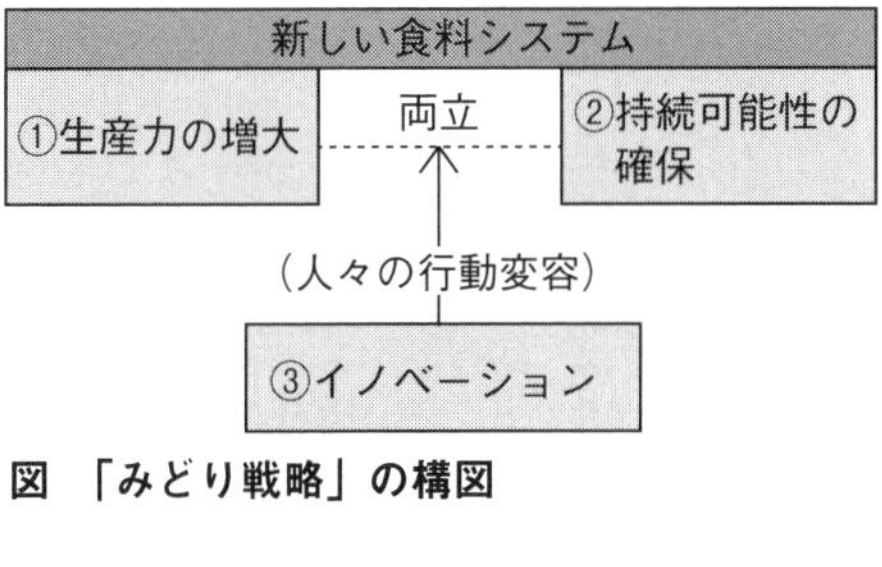

図　「みどり戦略」の構図

つまり、「みどり戦略」の枠組みは図のように表せる。このなかで、例えば、化学農薬使用量の50％削減等の「②持続性の確保」をめぐる議論は活発化している。しかし、もう一つの「①生産力の増大」については言及されることは多くはない。そこで本稿では、この生産力の増大に関わる論点を検討したい。

それでは、ここで言われる「生産力」「生産性」とは何であろうか。この点は「戦略」の、次の文章が示している。「将来にわたり、食料の安定供給と農林水産業の発展を図るためには、生産者の一層の減少・高齢化やポストコロナも見据え、省力化・省人化による労働生産性の向上（が必要）」とあるように、担い手不足にあるこの分野における「省力化・省人化」が意識されている。要するに、ここでの生産力とは、労働生産性であり、それは直接、生産主体すなわち、「担い手」の定着や安定を意識したものと捉えることができる。本稿でもその点を掘り下げてみよう。

なお、このような生産力理解は、実は「みどり戦略」の大きな特徴であり、論点である。通常、環境問題で登場する「生産力」とは、「総生産量」に関わる概念であることが多い。例えば、かつてのEUの農政改革は、農産物過剰の中で、総生産量を抑制し、同時に農業の環境に対する負荷を抑制するという文脈で「生産力と環境の両立」が論じられていた。そのような意味で「生産力の増大」を、わが国に当てはめれば、国内生産量の拡大=食料自給率の向上を意味している。しかし、「みどり戦略」の「生産力の増大」にはそのような意味はない。そうであるために、食料自給率にかかわる記述は、「戦略」中に1カ所あるのみである。自給率の維持・向上を目指す、日本の農政にとっては、本来、国産増・輸入減により、輸入農産物のフードマイレージを縮減し、他方で国内生産の拡大による環境負荷の増大をどのように抑えるのかという議論こそが「生産力と環境の関係」としてあるべきものであろう。つまり、上記のように、「生産力」が労働生産性とされることにより、食料自給率は「みどり戦略」のメインテーマではなくなっている。その点の是正が本質的に必要であろう（この点、本稿末尾で触れる）。

「みどり戦略」の担い手論

「みどり戦略」が描く、担い手の位置づけはいかなるものか。それを表しているのが、次の関連する二つの文章である。

〈A〉「従来の労働負荷の高い作業、現場から目が離せない作業について、新技術により労働安全性・労働生産性が向上することで、農林水産業の多様な働き方が可能となり、地域内外の多様な人材が農林水産業の新たな支え手となって参画する『生産者のすそ野の拡大』等を通じて、生産基盤の強化につながることが期待される」

〈B〉「2030年までに、施策の支援対象を持続可能な食料・農林水産業を行う者に集中していくことを目指す」

〈A〉は、イノベーションによる生産力の革新にともなう担い手像について論じたもので、「生産者のすそ野の拡大」（同表現は「戦略」上では3回登場するキーワード）と称され、さらに「支え手」という農政上の新しい用語も登場している。〈B〉は、「本戦略が目指す姿とKPI（重要業績評価指標）」という項目に書かれているものであり、政策の支援対象を「集中」することが表明されている。「戦略」の本文で、農業の担い手について語られる部分は少なくないが、この二つに集約することができる。

この二つの文章に見られる担い手論は、相互の関連を含めて、いくつかの点で問題含みだと言える。まとめながら、説明してみよう。

①不明確な担い手論

〈A〉ではキーワードとも言える「生産者のすそ野の拡大」が実現できるロジックが明らかでない点である。この文章内の「新技術」は、例えば、「現場ニーズに沿った労働安全や省力化・省人化、生産プロセスの標準化やカイゼン活動の促進」なども含めたスマート技術であろう。そして、そのスマート技術については、「スマート技術は、作業の省力化・省人化、作業の安全性向上、化学農薬・化学肥料の使用量低減などの様々な効果が期待される。そのメリットは、大規模経営だけでなく、中小・家族経営も、また、平地から中山間地域、若者から高齢者など、それぞれの者が享受することができる」と書かれている。つまり、スマート技術が、「生産者のすそ野拡大」につながると、比較的単純に論じられているようである。

しかし、スマート農機が「かなり高額な機械投資になることは確かである」（梅本雅「新基本計画の推進とスマート農業」『新基本計画はコロナの時代を見据えているか（日本農業年報66）』（農林統計協会、2021年）ことは、つとに指摘されている。そうであれば、「すそ野拡大」ではなく、むしろ「限定化」ではないだろうか。だが、〈A〉の文章も、実は読み方によっては、スマート技術を取り入れた企業型経営による農作業の標準化というようにも理解でき、新しい用語である「新たな支え手」とは、大規模農業法人に雇用される農業労働者を指しているようにも読めてしまう。それでは、「すそ野拡大」のイメージとはかけ離れているが、そのような混乱は担い手像が不明確であるからに他ならない。

②不整合な担い手論

〈A〉と〈B〉の二つの文章は明らかに異なるベクトルを持っている。文字面だけでも、〈A〉は「すそ野の拡大」であり、〈B〉は「集中」が語られている。このような不整合さが、担い手像の結像をますます困難にしている。しかも、〈B〉では、2030年が想定されており、「みどり戦略」のなかでは比較的短いスパンの目標である。短期＝集中、長期＝「すそ野の拡大」であるとすれば、さらに理解が困難であろう。

③不連続な担い手論

いかなる担い手像が想定されるにしても、現状とまったく不連続に新たな担い手が生まれ、それが地域に定着することはあり得ない。それに対して、「みどり戦略」は全体として、「あるべき『目指す姿』（目標）を先に設定し、そこに至る手法や行程を後から考える『バックキャスティング』手法に基づく」（田代洋一「2020年度農業白書を読む」『文化連情報』2021年7月号）ものであり、「計画や戦略というより『夢』」（同上）と言える。そのため、不連続性はむしろ「戦略」の特徴であるが、その中でも決定的に不連続となっているのが、集落営農をはじめとするコミュニティ・ベースの農業担い手に関する位置づけである。それは、〈A〉、〈B〉いずれの文章からも見えてこない。有機農業の面積の拡大を目標とするのであれば、それへの言及は不可欠であったと思われる。なお、「みどり戦略」の本文には「集落営農」は一度も登場せず、また「コミュニティ」「集落」も生産活動に関連して登場することはない。

「みどり戦略」の位置づけ

このように担い手論としての「みどり戦略」には複数の問題がある。それを是正するためには、逆に、①

混乱のない明確な担い手論、②政策として整合性のある担い手論、③現状と連続的な担い手論（特にコミュニティ・ベースの担い手）の構築が求められているのである。

こうした問題点の背景には、「従来の施策の延長ではない形で…道筋を示（す）」という、政策提案の方法そのものにあると思われる。そして、そのために採用されているのが、先にも触れたバックキャスティング法である。確かに、新しい発想を得るためにはバックキャスティング法にも意味はあろう。しかし、「戦略」を実現するのが、地域に住み活動する農林水産業の担い手であれば、このような人々の内発的な力に接続するプロセスが必要になる。その過程がなければ、イノベーションは常に、他者から与えられた外来型のもの、別の言葉で言えばトップダウン型のものとなる。

これとは、対照的な位置にあるのは、2020年に制定された食料・農業・農村基本計画（新基本計画）で提起された、農村の新しいしごとづくりである「農山漁村発イノベーション」である。ここで「農山漁村イノベーション」ではなく「農山漁村発イノベーション」としているのは、その内発性を強調して、現に存在する農山漁村の諸資源、諸テーマの組み合わせによる、農山漁村から湧き出てくるような「しごと創造」を意識しているためであろう。その例としては、農泊やジビエにとどまらず、再生可能エネルギーなども取り上げられ、今後のさらなる振興の対象となっている。

とはいうものの、「戦略」でも、内発性は意識されている。技術開発に関わり、「本戦略の推進に当たっては、生産現場を始めとする関係者の理解を得ることが最も重要であることから、そのことに最大限配慮しつつ、意欲的な取組を引き出すことを基本に社会実装を進める」と、的格に指摘されている。こうした視点を、技術開発だけでなく、「戦略」全体で捉え直すことが必要であったのだろう。

加えて、ここで触れた新基本計画に関わっては、次の点も指摘しておきたい。「みどり戦略」と新基本計画との農政上の関係である。新基本計画は、産業政策と地域政策の「農政の車の両輪」をセットしたところに特徴がある。そのため「中小・家族経営など多様な経営体については、産地単位で連携・協働し、統一的な販売戦略や共同販売を通じて持続的に農業生産を行うとともに、地域社会の維持の面でも担い手とともに重要な役割を果たしている実態を踏まえた営農の継続が図られる」という、従来にない記述がなされ、実質的に「多様な担い手論」が採用されている。

既に見たように、むしろ「みどり戦略」では、この点が不明確であった。したがって、「みどり戦略」と新基本計画という二つの農政基本路線が、担い手をめぐり、あたかもダブルスタンダードとして併存していることになる。さらに言えば、新基本計画は、1999年に制定された食料・農業・農村基本法の見直しを迫っている。それは基本法が「専ら農業を営む者その他経営意欲のある農業者が創意工夫を生かした農業経営を展開できるようにする（22条）という原則を掲げているからである（拙稿「（農村学教室）新農村政策の意義」、『日本農業新聞』2021年7月18日付け）。

したがって、現状では基本法、新基本計画、「みどり戦略」というトリプルスタンダードが存在するとも言える。野上農林水産大臣は「みどりの食料システム戦略の実現に向けて、法制化も含めて検討を加速するよう事務方に指示をした」（2021年6月18日記者会見）と「戦略」の法制化に触れている。しかし、それは、本来は基本法改正として行なうべきものであろう。そのためには、まず新基本法計画で論じられたような「多様な担い手論」を、基本法に位置づけ、その担い手による活動が、経済―社会―環境の3面同時的な持続可能性を実現するための長期計画として「みどり戦略」は再設定されるべきものではないだろうか。そうすることにより、先に指摘した、食料自給率の維持・向上と「みどり戦略」の距離も近づくこととなろう。

おだぎり・とくみ　明治大学農学部教授。農学博士。1959年生まれ。専門は農村政策論、地域ガバナンス論。著書『農山村は消滅しない』（岩波新書）、『田園回帰の過去・現在・未来』（共著、農文協）『農村政策の変貌』（農文協）など。

「みどり戦略」のお手本？ EUの「Farm to Fork（農場から食卓まで）戦略」とはどこがちがう？

吉田太郎

気候変動と生物多様性の喪失に対処するEUのF2F戦略

食や農の地球環境への負荷は予想以上に多い。生物多様性喪失の約60％は近代農業に起因し、限りある淡水の約70％も農業が使う(1)。IPCCの第5次評価報告書によれば、フードシステムは全温室効果ガス排出の34％を占めている(2)。EUは、2018年には農業からの温室効果ガス放出量を1990年比で23％も削減したとはいえ(3)、いまも農業が温室効果ガスの約10％を占め（うち、70％が畜産に由来する）、今後も大きな削減が見込めない(3,4)。

そこで、有機農業が意味を持つ。化学肥料の使用に伴う強力な温室効果ガス、亜酸化窒素（二酸化炭素の300倍の温室効果があり、25倍のメタン以上に問題がある）の放出量を減らせるし(3)、オハイオ州立大学のラッタン・ラル教授は全世界の土壌中の有機物含有量を2％増やすだけで、温室効果ガスを安全なレベルまで完全に戻せると主張する(5)。いま大気中にあるCO_2の3分の1も土壌から出たものだ。灌木や草で覆われていた地表を耕せば、土壌中に含まれていた炭素は大気にふれて酸化する。ならば、それを元に戻してやればいい。土壌に有機物を戻す。そう。まさに有機農業だ(6)。それを加速化させるのが「再生農業」で、有機物含有量が1％以下の痩せ地を約6年で4％にまで改善した結果も得られている(5)。2030年までに有機農業の面

積を少なくとも25%にまで増やすなど、具体的な目標が設定された背景にはこうしたこともある。[3,4]

気候危機の緩和と、生物多様性の喪失の犯人であった食と農を逆に「救世主」に変える。[1,3,5] この逆転の発想で打ち出されたのがFarm to Fork戦略（以下、Ｆ２Ｆ戦略と略）だし、その中心に据えられたのがオーガニックといえる。[1] 片や「みどりの食料システム戦略（以下、みどりと省略）」も温室効果ガスに関して、「２０５０年までに農林水産業のCO_2ゼロエミッション化の実現を目指す」としているが身内の縄張りにとどまっていて攻めの発想が乏しい。[7]

オーガニック25%の実現には有機学校給食と公共調達が鍵

「みどり」では、とかく、有機25%、１００万haの数値が着目を浴びている。1年先行している「Ｆ２Ｆ戦略」の後追いで、非現実的だとの批判の声もあるが、[8] 本家本元の欧州においても、フィンランドのように「目標を超える30%達成を目指したい」と意欲的な国がある一方、[1] アイルランドは「理解に苦しむ」とコメントしている。[9] 有機面積が２・４％でしかないためだ。[10] ２０２０年8月現在、ＥＵ全体の有機面積は約８％で10年後の予想割合は10%であったのをいきなり25％に引き上げるというのだから無理もない。[1]

「ＩＦＯＡＭヨーロッパ」のシルビア・シュミット氏によれば、同団体が提起した数値も最低20%だ。「欧州で最大のオーストリアの25%からＥＵ全体としても実現可能だと考えたのではないか」と臆測する。[1]

さて、需要サイドの伸びがないなかで生産だけが拡大すれば価格の下落につながる。[1,11] 欧州委員会が学校や病院等の公共調達の最低基準を設け、[1] 需要と供給の双方を促進する行動計画を加盟国に求めているのもそのためだ。[12] 実は、オーストリアも、２０２５年に30%、２０３０年55%の公共調達計画を立てている。この大きな公的需要が２０１８年での25%という数値につながっている。[11]

ＥＵ予算の３割を占める既得権益「ＣＡＰ」を巡る攻防

公共部門の果たす公的役割はまだある。「Ｆ２Ｆの野心的目標はＥＵ共通農業政策（ＣＡＰ）とリンクしている。それに反映されなければ25%は達成しないかもしれない」とシュミット氏はいう(1)。

「CAP」とは、EU全体の総予算の約3割を占める巨大事業で(13)、総額3870億ユーロ（約51兆円）にものぼる(14)。日本の農林水産予算が全体の約2％しかないことを考えると、その存在感の大きさがわかる。内容は主に農家への直接支払いで(1、13)、手厚い農業保護は安定した食料生産に貢献し、社会保障制度の一部としても機能してきたが、支払い条件が経営面積に対応していたため、小規模家族農家がその恩恵にあずかれず、環境破壊につながっている問題が指摘されてきた(13)。

EUでは2003〜2013年にかけて小規模家族農家は1500万戸から400万戸も離農し、108４万戸になった。一方で南米諸国からの輸入GMOダイズに依存する大規模畜産が増えた。これはまさに経営規模に応じて補助金が支給されるCAPの政策的産物と言える。加えて、その補助金があってすら、グローバル市場によって決まる農産物価格は生産コストを割り込むほど安く、ほとんどのEU諸国では農家の平均収入はそれ以外の市民の約50％にすぎない(15)。

有機に転換すれば生産コストも労力もかかる。前述した現実は小規模農家もちゃんと取り組めるには環境保全農業への支援拡充が必要なことを意味する(13)。しかし、大規模農家や農薬メーカー等の業界は既得権益を失いたくはない。F2F戦略による農薬削減に一貫して反対し、強力なロビー活動を展開した(13)、穀物貿易の業界団体「Coceral」も有機農業を推進すれば、穀物生産量が激減し、輸入依存が高まると警鐘を鳴らした(16)。

既得権益との攻防は国内にとどまらない(16)。EUは世界最大の農産物供給基地として人類全体を養ううえでも重要だ(17)。2020年11月に米国農務省（USDA）は、影響をシミュレーションし(3、16)、EUの農業生産高はトータルで12％減少、欧州圏内では食料価格が17％上昇し(2、16)、輸出が20％も減るあおりを受けて世界でも9％値段があがるとした(3)。これに対して、フランスの国立農業・食糧・環境研究所（INRAE）は、有機農法技術の今後の向上の見込みを踏まえておらず、「単純な見方で、視野が狭い」と強く批判(16)。欧州圏外での森林破壊につながる「農業生産」の大幅な削減につながると評価した(3)。まさに情報戦の攻防がなされているわけで、それを読み解くにはメディアリテラシーが必要なことがわかろう。

ＣＡＰ予算案が骨抜きにされることに反対するグレタ・トゥーンベリたち市民の声を受け[13,18]、気候変動を担当する欧州委員会のティメルマンス上級副委員長は[14]、加盟各国の農業担当閣僚からなる「閣僚理事会」、「欧州議会」、「欧州委員会」の三者による非公式交渉を粘り強く続け、６月25日に三者間での合意にこぎつけた[16]。直接支払い予算、約２７００億ユーロのうち、23〜24年は20%、25年以降は25%が、湿地の保全・回復や有機農業等に取り組む農家に当てられる。「エコスキーム」の予算枠確保に成功した[16]。直接支払い予算…

廃棄物問題に対処すればいまの農業生産性の維持は不必要

業界との攻防はまだある。日本の「みどり」で技術が偏重され、ゲノム編集が非表示となることを市民団体は問題視する。短期間で寄せられたパブコメの多くもゲノム編集活用を憂えるものだった[19]。事情は欧州も変わらない。「食料生産の低下の埋め合わせはできず、農薬の削減やリスク低減、温暖化の防止や生物多様性の向上には、精密農業、人工知能、データ駆動型農業、種子育種、植物防疫でのイノベーション等の技術が欠かせない」との論理が展開されている[20]。「革新的な新技術」の名の下に、遺伝子組換え技術が使用されてしまう可能性もないわけではない[1]。

欧州緑の党は土壌や生態系全体を改善すれば有機に転換しても収量は低下せずむしろ増すとし、「新たな育種技術」の推進の裏には多大なロビー活動がなされていたと問題視する[21]。ビア・カンペシーナ欧州も、新たなゲノム技術を批判し、デジタル農業についても希少ミネラル資源を枯渇させるうえ、化石燃料も消費するから気候変動の解決策にはならないと指摘する[15]。とはいえ、有機では30%は収量が低下するとの研究結果もある[22]。にもかかわらず、ＥＵ環境委員会が「食料安全保障はＥＵにおいてはもはや問題ではない」とし、持続可能性、気候、生物多様性を食料や農政の中核に据えるべきだと主張する背景には、現在の生産水準を維持する必要がないことがある[3]。

驚くべきことに、現在、生産されている食料の約３分の１は、収穫、消費、小売レベルで無駄にされ、かつ、グローバルな温暖化効果ガス放出量の約８%を占めている。裏を返せば、全農地の30%は食されない食料を生産するために占められていることになる。[5] ＥＵにおいても、生産される食料の5分の1が廃棄されている一方で、[4] ３３００万人のＥＵ市民は、健康的で栄養価のある質が高い食材を日々購入する余裕がない。[5] 地球全体でみれば、６億９０００万人が日々飢えている一方で、成人の50%以上が太りすぎで医療費が増え続けている。[4,5] 有機に転換することで生産性が低下したとしても、食品廃棄物を削減し節約型の食事に変えれば対応できるのだから、[3,17] 新技術による生産増が欠かせないとの論理は、的を外していることになる。

オーガニックは「持続可能」の中心ツールだが全体のバランスの中で

温暖化防止のためには、転換には農業のみならず、流通・販売に至るまで、すべてがかかわる統合的な食料政策が必要なこととの重要性を欧州委員会は正しく強調している。[17] だから、Ｆ２Ｆ戦略では食料生産の確保、加工流通、食と食消費、食品ロスと食品廃棄の削減と4目標毎に27項目の目標が設定されている。[3,9,12] ＥＵが生産から消費者まで包括的に食の持続可能性に取り組んだのは、法史上初めてのことだ。２０００年の食品安全白書では、すでに「農場から食卓まで（farm to table）」のアプローチはなされていたが、持続可能性についての言及はなかった。[10]

前述したようにＣＡＰや公共調達を通じれば有機農業の生産拡大は図れる。とはいえ、アニマル・ウェルフェアや環境保護を重視した農産物を最終的に望むか望まないかは消費者次第だ。だから、Ｆ２Ｆ戦略は消費者を重視し、情報提供や教育にさらに重点を置く。[17,23] 脂肪、砂糖、塩、赤身肉の消費を制限し、野菜の消費量を増やす。[23] それは、表示正面での栄養や情報と産地表示の義務付け政策に反映されている。[3,23]

農民が追加コストを負担できない以上、この追加コストの少なくとも一部は消費者によって支払われなければならないし、消費者は有機農産物を望んでいることを自分たちの支出習慣によって示す必要がある。経済的に言えば、有機農業の低い生産性は高い農産物価格によって相殺されることになる。それは食品廃棄物の削減でも意味をなす。廃棄物の多さは、あまりにも食べものが廉価な事実も関連しているからだ。したがって、「公正な価格」は、生産者が努力に相応した報酬を受け取れると同時に、農産品が確実に消費されることを担保するうえでの鍵となる[17]。

こうした戦略をEUが打ち出せる背景には、自分たちが口にする食べ物の由来、それが地球に与える影響のことをこれまで以上に気にかけている成熟した市民がいる[4]。高い市民意識はコロナ禍によってさらに後押しされ[5]、F2F戦略の支持層を増やした。欧州工科大学院の食関連の行動変化の研究は、コロナが「健康、生態系、流通、消費パターン、地球の限界との相互関係も鋭く気づかせた」と述べる[24]。

F2F戦略は、気候変動や生物多様性の喪失といった「症状」に対処するのではなく、その原因に対処する[21,23]。いまもEUは南米諸国からダイズ等の家畜飼料を輸入しており、食料需要を満たすために必要な農地の30％以上が域外にある。厳しいアニマル・ウェルフェア基準を設ければ、家畜飼育数は減り、草飼育が促進される分だけ、家畜飼料生産による森林破壊も縮小する[3]。どのような飼育をされた畜産物をどの程度食べるべきかも意識的に消費者に投げかけている。その意味で、畜産や肉食のあり方にまでなんら踏み込んでいない「みどり」はF2Fに比べてあまりにも片手落ちの内容といえるだろう。

EU域内の生産者を守るためにグローバルに環境規制を

温室効果ガスの排出量や抗生物質の使用量を削減し、アニマル・ウェルフェアの基準や環境保護を導入している意味では、EU農業は世界で唯一といってもよい。一方で、貿易協定を介して、欧州市場に参入している他国の製品には同水準が要求されてはいない。EUの農業者は健闘しているとはいえ[23]、F2F戦略にしたがって、さらに厳しい環境基準や生産性の低下を義務付けられれば[3]、域外の安価な輸入品に対して競争力を失いかねない[1]。これは経済的には大きな悩みだ。

そして欧州委員会の凄みは、気候も生物多様性も国境を越えた問題である以上、欧州一個では解決できないと認識していることにある。2020年秋にEU当局は「欧州が持続可能性のオアシスとなることはほとんど意味がない」と述べ、F2F戦略では、コーデックスのような国際基準設定機関等を通じて持続可能なフードシステムへのトランジションを促進[3]。EUとの間で締結される全ての二国間通商協定の中に、野心的な持続可能性に関する章を含め、貿易政策を通じて、アニマル・ウェルフェア、農薬規制等の協力を強化していくとした。[12] 輸入される食品が持続可能な方法で生産されることを担保するため、適切な表示スキームも促進すれば、[3] 森林破壊についても、欧州委員会は2021年にそれと関与する製品のEU市場への投入を防ぐ、あるいは最小化するための法制度を考えているし、[3,12] 漁業分野でも同様だ。SDGsを踏まえ、世界的なトランジションをEUが主導することをうたい、価値観を共有する全てのパートナーとの「グリーン同盟」を目指す。[12] 2020年9月に欧州委員会が開催したF2F戦略の周知セッションに参加した米国の農務長官（トランプ政権時）はこれを「保護貿易主義」と呼び、EUが新たなフードシステム基準を国際貿易に科そうとすることに反発したが、[3] ただ輸出にこだわる「みどり」よりも、EUははるかにしたたかだと言える。

おわりに

20世紀は「今だけ、金だけ、自分だけ」側が勝利を納めてきた。けれども、その限界はコロナ禍で明らかになった。「次世代のみんなのために、お金だけではないものを大切に」は、誰もが腑に落ちる正論ではあるまいか。そして、フードポリシーカウンシルや市民サミット等の最近の食の民主主義イニシアチブは「価値観や利益が対立するなかで、どう選択を行うか」の有望な方法を提供しつつある。[10] 農薬や温暖化ガスや土壌侵食が減る一方で、生物多様性が増え、有機農産物がより手に入りやすくなるとなれば、既得権益集団の象徴たる農薬企業や多国籍企業を除いて誰も困らないではないか。[5]

F2Fと「みどり」の違いは、それが食の民主主義のための枠組みであるかどうか。「コモン」を守るためのものであるかどうかで評価できるように思える。

【引用文献】

（1）2020年8月31日：レムケなつこ「EU全農地の25%をオーガニック化へ「農家の支援」がカギを握る」 https://forbesjapan.com/articles/detail/36678
（2）IPCC: AR5 Synthesis Report: Climate Change 2014. https://www.ipcc.ch/report/ar5/syr/
（3）Kerstine Appunn, EU's Farm to Fork strategy impacts climate, productivity, and trade Climate & CO_2 Agriculture EU, 05 Mar 2021.
（4）Claire Bury, Farm to Fork: More sustainable & healthier food, The Open Access Government, March 5, 2021.
（5）EIT Food, What is the role of the Farm to Fork Strategy in achieving zero emissions?, EIT Food, 21 Sep 2020.

(6) デイビッド・モントゴメリー『土・牛・微生物─文明の衰退を食い止める土の話』(２０１８) 築地書館
(7) 令和３年６月「有機農業の取組拡大とみどりの食料システム戦略」農林水産省
(8) ２０２１年３月19日：農林水産省「みどりの食料システム戦略」中間とりまとめに対する学会提言、日本有機農業学会
(9) ２０２０年６月９日：市村敏伸「ＥＵ発、未来のフードシステム その全貌」週刊エシカルフードニュース https://www.ethicalfood.online/2020/06/091325.html
(10) Hanna Schebesta & Jeroen J. L. Candel, Game-changing potential of the EU, s Farm to Fork Strategy, Nature Food volume 1, 14 October 2020.
(11) Heidrun Moschitz, Adrian Muller, Ursula Kretzschmar, Lisa Haller, Miguel de Porras, Catherine Pfeifer, Bernadette Oehen, Helga Willer and Hanna Stol, How can the EU Farm to Fork strategy deliver on its organic promises? Some critical reflections, https://onlinelibrary.wiley.com/doi/epdf/10.1111/1746-692X.12294
(12) ２０２０年８月28日：藤本真由、市橋寛久「ＥＵの新しい食品産業政策「Farm To Fork戦略」を読み解く 一段と明確化される持続可能性と環境重視の方向性」ジェトロ・ロンドン事務所 https://www.jetro.go.jp/biz/areareports/2020/a718804066114a95.html
(13) ２０２０年11月５日：市村敏伸「「小規模農家を支援せよ」ＥＵの野心は実現するのか」週刊エシカルフードニュース https://www.ethicalfood.online/2020/11/051417.html
(14) ２０２１年７月３日「ＥＵ、農家に51兆円支援─環境対応促進へ基本合意 有機栽培や湿地保全」日本経済新聞
(15) Farm to Fork Strategy: Key Messages from ECVC, 5 Feb 2021.
(16) ２０２１年７月１日：市村敏伸「ＥＵファーム・トゥ・フォーク戦略 理想と現実を隔てる課題」週刊エシカルフードニュース https://www.ethicalfood.online/2021/07/011515.html
(17) Herbert Dorfmann, Farm to Fork Strategy: Food for thought, The parliament magazine, 09 Jun 2021.
(18) ２０２１年２月24日：「農場から食卓までを意味する『Farm to Fork（ファーム・トゥ・フォーク）』農業と食のあり方を変える３つの目標」エレミニスト編集部 https://eleminist.com/article/1114
(19) 拙稿「１００万haのオーガニックへの転換は可能だ」たぁくらたぁ
(20) Livio Tedeschi, Why the EU, s Farm to Fork Strategy is a unique chance to radically change agriculture and food production, 3 june 2020.
(21) Sarah Wiener, Farm to Fork Strategy: A food chain revolution, 09 Jun 2021.
(22) 拙著「コロナ後の食と農」
(23) Clara Aguilera García, Farm to Fork Strategy: Solving Europe, s food system challenges, 07 Jun 2021.
(24) Manavi Kapur, The pandemic has turned us into〝farm-to-fork〟fans, January 6, 2021.

よしだ・たろう 長野県農業試験場企画経営部内有機農業推進プラットフォーム担当。Ｏｂｕｓｅ食と農の未来会議顧問。１９６１年生まれ。日本と海外で有機農業の取材・啓発につとめる。『タネと内蔵』（築地書館）、『地球を救う新世紀農業──アグロエコロジー計画』（筑摩書房）、『コロナ後の食と農』（築地書館）など著書多数。

こうしたらどうですか？
「みどり戦略」

2040年じゃ遅い！脱ネオニコはいますぐできる

齋藤真一郎

新潟県から60㎞沖合に浮かぶ、温暖で豊かな自然環境に恵まれた佐渡島で、水稲32ha、おけさ柿250a、リンゴ60a、ネクタリン＋モモ50a、ブドウ4a、ハウスイチゴ890坪、大豆4haを（有）齋藤農園として経営しています。また佐渡は観光地でもあるので、農園で採れた農産物を直接食べてもらえるようフルーツカフェを併設、イチゴの観光園化を図りながら交流体験型の農業を模索しています。

当園の経営理念は、「安心で安全なおいしさをお届けする」ことです。私は農薬、化学肥料を否定はしませんが、極力使わない、削減する方向で栽培をしています。経営内容も大規模化し、そこに多品目多品種となると必要最低限の化学的資材を使わざるを得ないと考えていますが、化学農薬、化学肥料の使用に傾斜していくことへの歯止めとして、水稲（2・5ha）、果樹の一部（10a）で自然栽培も実施しています。

近年問題化しているネオニコチノイド系農薬については、生態系や人体（特に子供たち）への影響を知ることで、予防原則において経営の中からは排除しています。

脱温暖化は待ったなし！

地球温暖化や生物多様性喪失の危機がさかんにいわれているなか、農業生産の現場においてもその進行を肌に感じるようになってきています。

水稲では高温障害による品質低下、果樹では早期発芽による大霜害、着色不良と軟果、梅雨期の降水量の増加による夏果樹の大減収、台風被害の甚大化、冬期間の小雪、無降雪による越冬害虫の被害増大、山のえさ不足による鳥類の果実への食害増大など、年を重ねるごとに農業生産が難しくなっています。

また、喜ぶべきか悲しむべきか佐渡でも柑橘類が商品として生産できるようになり産地化が進んでいますが、温暖化が進んでいる顕著な現れでもあります。

そのようななか、農業でも持続可能で環境に負荷をかけない農業生産に軸足を移していかなければなりません。

しかし、農業者の減少により大規模化・組織化が進み、機械は大型化・効率化により化石燃料の消費も多くなってきました。農業の組織化が進むことで低コスト・効率化が求められ、経済重視の作業形態を重視する傾向となり、えてして環境への配慮は二の次になっていると思います。持続可能な農業や暮らしを考えると、この「みどりの食料システム戦略」は、待ったなしの政策、戦略であると思うとともに、トキと共生する環境の島佐渡においては率先して実行していかなければならないと思います。

2040年？

この戦略にネオニコチノイド系農薬削減という文字が載ったことに、ある意味驚きを覚えました。海外での規制が厳しくなるなか、日本ではネオニコの残留農薬基準を下げ、使用を促してきた経緯があるからです。我が国もようやくネオニコの危険性を認めたということでしょうか？

でも目標年次は2040年、世界は現時点で禁止や規制の方向に動いているのに、日本はまだ20年は使い放題の状況が続くというわけです。また、化学農薬を50％削減し、新規化学開発剤に移行することは、ネオニコ系や代替新規化学農薬が40年以降も残ることを意味しているとも読み取れるので、よくよく考えると、玉虫色の目標だとわかります。

実際、現場ではやはり殺虫効果が高いネオニコ系農薬を、JAも農家も手放したくないというのが本音であることはよくわかりますが、この戦略を機に考え直すことが求められているのではないでしょうか。

また代替農薬としてRNA農薬の開発が明記されています。私はよくわかりませんが、一部では遺伝子農薬として危険視されていると聞いています。

有機農業の拡大と合わせて考えれば、ネオニコに代わる技術として、今確立されている有機農業技術や、耕種的技術、IPMやIBMに置き換えていくことが必要だと思います。

トキも人も安心して暮らせる環境を佐渡から!

私がネオニコチノイド系農薬の危険性を知ったのは、にいがた有機農業推進ネットワークが2011年2月に開催した「なぜか新潟の田んぼで激減した赤とんぼ」というネオニコの勉強会でした。

私は一度絶滅したトキの野生復帰を農業の立場から支援する「佐渡トキの田んぼを守る会」を先輩農家らと2001年に立ち上げ、生きもの調査や減農薬、無農薬の稲づくりをその道の先生方やNPOの皆さんのご支援をいただきながら進めてきました。その目的はトキの餌場となる生態系豊かな田んぼの復元です。

トキが絶滅した大きな原因は乱獲であり、その後農業に起きた近代化による用排水路のコンクリート化や、農薬の普及が拍車をかけました。環境の劣化による餌不足、農薬に侵された生きものたちを餌にすることによる農薬中毒によって日本産トキは絶滅してしまいました。この教訓は繰り返してはいけないことです。前記の勉強会後、ネオニコが鳥類の繁殖に大きな影響を与える論文も発表され、全国的にスズメを見かけなくなったといった話も聞こえてきました。

当時の佐渡はスズメや赤とんぼは多く見られていましたが、2008年にトキの放鳥が始まり、今止めないとトキの野生復帰にネオニコが大きな障害になると思いました。JA佐渡と相談し、現場にネオニコ系農薬(箱粒剤)と非ネオニコ農薬の比較圃場を設け、生きもの調査や、赤とんぼの抜殻調査などを実施しました。その後JAの予約注文書からネオニコ系農薬を除外、カメムシ防除剤をスタークル液剤から合ピレ剤やキラップ液剤に変更、2013年産からはネオニコ本格回避、2017年にはJA米要件としてネオニコ使用禁止を打ち出し、水稲栽培の場面においては全島脱ネオニコに至っています。

その甲斐あってかどうかはわかりませんが、2012年の春には36年ぶりに自然下でのトキの孵化が始まり、いまや400羽を超え、2019年には野生絶滅から絶滅危惧種1Aに格下げとなり、普通の鳥への階段を下っています。

子供たちの未来は地域、日本の未来

生態系とともにネオニコ系農薬が与える影響が大きいのは子供たちです。ネオニコの削減率が高い佐渡でも、なんでネオニコが悪いのか、その影響を知る人は少なく、まして子供たちにはわかるはずがありません。ネオニコが残留した食物を与えるのは大人たちです。脳の発達する幼少時にネオニコの影響を受けると発達障害など精神的な病を発症する可能性があると言われています。このような子供たちが増えると地域、日本の未来は危うくなります。

私たち農家は農業に携わり、日常の食を生産することで経済活動を行うことは大事なことですが、同時に人の健康や命、自然環境に向き合う視点を持たなかったら農家は破壊者になってしまうのではないでしょうか？　そのことはトキが身をもって教えてくれました。私たちが作る食で子供たちの未来を汚してはいけません。

農家から発信を

脱ネオニコは有機栽培とまではいかないまでも、農家の取り組み姿勢を発信するきっかけになると思います。一般の消費者はまだまだネオニコ農薬について知らない方が多いので、農家自身がネオニコ農薬を知ることから始め、自分の経営の中でどのようなことに取り組んでいるのかを消費者に伝えていくことが必要です。

そのためには、農家も「国が安全だと認めているから使ってもいいじゃないか」という姿勢を改め、世界動向を知り、自ら判断し実践していくことが必要です。

さいとう・しんいちろう　1961年生まれ。農業生産法人有限会社齋藤農園代表取締役。佐渡トキの田んぼを守る会会長。トキが棲む島だからこそできる農業に尽力している。

魚住流「みどり戦略」47都道府県に有機農学校を設立せよ

魚住道郎

有機農家を誰が育ててきたか

日本有機農業研究会（日有研）は、四大公害事件や農薬禍が深刻化した１９７１年に結成され、今年で50周年を迎える。志を共にする農家は、農薬や化学肥料を用いることなく作物や家畜を健康に育て、今日まで、それぞれの地域で成果を上げている。

有機栽培などとうてい無理と、近隣の農家や一部の農学研究者から白眼視されながらも、それぞれの努力と工夫で、慣行栽培並み、いや、中にはそれ以上の人もいる。

また、端境期に野菜の品数が少なかったり、多少の出来不出来があっても、農業現場の季節の変化、事象として受け入れてくれる消費者の存在抜きに、今日の有機農業は語れない。有機農産物を食べ続けるだけでなく「縁農」（援農）に駆けつけてくれたり、励ましの手紙や声を掛けてくれたりする消費者がいることは、有機農家にとって大きなモチベーションとなっている。日有研ではこの支え合いを、農家と消費者との「提携」と呼んでいる。単なる農産物の売り買いではなく、感謝と心が通い合う関係。有機農業とはいわば、相互扶助の体現なのである。

このような消費者との関係性も含めた成果を伝承、学習する場として、これまでは先駆的な有機農家が研修生を受け入れ、育ててきた。私自身も、50年近く前になるが、大学を卒業後、茨城県石岡市の「たまごの会」で仲間と共に学び、独立後は就農希望者の研修を受け入れてきた。日有研としても、全国各地の実践農家を有機農業アドバイザーに認定し、彼らが多くの後輩を育てる制度を整えている。有機農業の技術は親から子へ、仲間から仲間へと引き継がれてきたのだ。

47都道府県に有機農業を学べる学校を

しかし、30年後までに有機農業100万haを目指すというのであれば、新規就農者の育成を個々の農家に頼りきるわけにはいかない。有機農業を学べる、公的な教育の場が必要となるであろう。

そこで私は、47都道府県すべてに「有機農学校」を設立することを提案したい。

有機農業は総合学問である。多品目による輪作や田畑輪換、緑肥活用や有機物マルチ、堆肥やボカシづくりや踏み込み温床（発酵）、農薬に頼らない病虫害や雑草対策、耕起か不耕起か、直播きか育苗か、タネ採り、収穫物の保存や加工、家畜の飼料自給、土木や建築、農具作り、エネルギー自給や気候変動対策など。先人が多様な課題を克服し遺してくれた伝統技術と、農家自らの工夫を積み重ねた技術の結晶といえる。実践的有機農学校では、消費者との連帯や、腐植が繋ぐ森・里・海のいのちの連携、有機農業の哲学も学び、身につけなければならない。

講師陣は、その地域で活躍する有機農家や研究者、消費者など、有機農業を実際にリードしてきた人たちを中心に据える。また、既存の農業高校や農業大学校、専門学校の講師にも受講してもらい、または教壇に立ってもらい、新規就農希望の学生を一体となって養成する。森・里・海の視点から、林業や漁業の人々にも教えを乞いたい。

47都道府県すべてに有機農学校など、荒唐無稽であろうか。農水省が本気で有機農業100万haを目指すのであれば、それくらいは最低限、必要と考える。

有機農業公園も全国に

また、有機農業の拡大には、より多くの消費者の理解も欠かせない。そこで、全国に有機農業公園の設置も提案したい。これには、モデルがある。

日有研では2004年から東京都足立区にある「都市農業公園」の田畑を有機農業で生産管理している。荒川の河川敷に接するこの公園は約6haの敷地に温室やハーブ園、古民家や工房、レストランなどを備え、水田12a、畑45a、果樹園も5aある。サクラやウメ、クヌギやコナラ、メタセコイアなど多くの樹木もあり、私たちはその落ち葉やせん定枝、刈った雑草を集めて、米ヌカや魚粉と混ぜて堆肥場で発酵させ、田畑に還元。収穫した農作物は園内のマルシェで一般販売するほか、レストランに提供している。

年間の来園者は延べ40万人。いつ来てもさまざまな作物が無農薬で育つ様子を見ることができ、私たちは防虫ネットやポリマルチを極力使わないため、キャベツ畑にモンシロチョウが乱舞する様子も楽しめる。天敵を含む豊かな生態系があれば、それでもキャベツは無事に収穫できるということを、目の当たりにできる。

コロナ禍で休止中ではあるが、19年からは月に2回、消費者に有機農業を体験、学んでもらう「有機農業実践講座」を開いている。私は茨城県石岡市の自宅で「魚住有機農学校」を開催、新規就農希望者などを受け入れてきたが、足立区の農業公園は都心ということもあって、より幅広い消費者に有機農業の魅力を伝えることができる。

公園には多くの子どもたちも訪れる。彼らを見て思うのは、小中学校の義務教育にも、ぜひ「有機農業」を必須教科に加えてほしいということ。有機農業こそ、自然との調和を尊重する、真の教育の一環である。早いに越したことはないはずだ。

農業公園の作業受託や講座の講師は、関東近隣に住む日有研の有機農家が担い、都内の消費者会員を組織して、農作業をアシストしてもらっている。ノウハウはある。全国どこでもできるはずだ。

農水省の「みどり戦略」に異議あり

一方、農水省の「みどり戦略」は、ゲノム編集による品種改良（改悪）を全面に打ち出し、スマート農業をその中心に据えているようだ。ゲノム編集された作物は、有機無農薬で育てたところで、はたして有機農産物と世界共通で認められるのだろうか。せめて表示義務を設け、有機農家には、ゲノム編集された品種を栽培しない自由が認められるべきだ。農水省のみどり戦略は、そうした有機農家の心情と逆行している。

また同じく50年までに温室効果ガスの排出を全体としてゼロにする、すなわちカーボンニュートラルを目指すとあるが、ベースロード電源として原子力を維持、安全最優先で進めるという。原発は発電時にCO_2を発生させなくても、福島事故の処理だけを見ても、いったいどれだけCO_2の発生を伴うことか。「グリーン」や「カーボンニュートラル」という言葉のイメージとは真逆の原発に固執する国の姿勢に、「国民の安心・安全」という菅首相の言葉が、あまりに空疎である。

さらに、「40年までにネオニコチノイド系農薬を含む従来の殺虫剤を使用しなくてもすむような新規農薬等を開発」というのも怪しい。有機農業を本気で進める気であれば、すでに問題が明らかになりつつあるネオニコチノイド系農薬は即刻使用禁止すべきである。危険な代替農薬はいらない。レイチェル・カーソンが危惧したことが日々進行し、次世代の命をおびやかしている事実から眼を背けてはならない。

「有機ＪＡＳ認証」がブレーキとなる

最後に、表示制度にも一言。現在は、有機ＪＡＳ認証をとった者しか「有機」「オーガニック」の表示が許されていない。しかしそれは、有機農業推進法の精神に反している。農家が自信を持って有機栽培しているにもかかわらず、自主表示できないのは、明らかにおかしい。そもそも本来は、すべての農産物に農薬や化学肥料の使用の有無や回数を明示すべきであり、その点では「特別栽培」などという表示も紛らわしい。有機農業を広げるには、ちゃんと有機無農薬で栽培を行なう誰もが、自由に「有機栽培」と表示できるよう許可すべきだ。ＪＡＳ法による表示規制が、どれだけ生産拡大のブレーキ要因となってきたか、農水省にはよくよく理解してほしい。

農水省よ、有機農業拡大の志やよし。２０５０年までに１００万ha、耕地面積の25％にするという目標は大いに歓迎するが、有機農業とは、そんなに甘いものではない。やるからには本気で。協力は惜しまない。

うおずみ・みちお　日本有機農業研究会理事長。１９５０年、山口県生まれ。東京農業大学卒業後、「たまごの会」農場建設、従事を経て、１９８０年に茨城県石岡市で専業農家として独立。現在平飼い養鶏６００羽、畑約３ha、水田15ａ。共著に『有機農業ハンドブック』（農文協）、『「有機農業公園」をつくろう』（日本有機農業研究会）ほか。

有機農業がもつ教育力で人を育て、コミュニティを育てる

澤登早苗

「2050年までに有機農業が占める栽培面積を25%に……」、NHKラジオでそのニュースが流れた時の衝撃は今でも覚えている。有機農業推進法（以下、推進法）の成立・施行から14年経過しても有機農業の取り組み面積はいまだに1%以下、有機農業がなかなか増えないなか、農林水産省がこんな大胆な数値目標を提示するとは、夢にも思わなかった。

有機農業拡大へと政策転換が図られたことは喜ばしく、大胆な目標を定めた関係者の英断を称えたい。しかし、行程表やシナリオには違和感をもっている。近代化技術の考え方や技術の組み立て方と有機農業のそれとは根本的に異なる。急に転換せよといわれても、簡単ではないし、違いを認識し、有機農業推進に適したものにするためには時間が必要である。このシナリオが暫定的なものであり、今後、有機農業の特質を踏まえて、何度か書き換えられることを期待している。

ここでは、①有機農業が有する可能性を体験し有機農業の理解者を増やす方法、②有機農業の研究アプローチと技術の組み立て方について提案する。

すべての市民に有機農業の実践体験を

有機農業推進の担当者にはまず、できるだけたくさんの有機農業の生産現場に足を運び、農業者の声、そこで育つ作物とその環境を体感してほしい。有機農業は地域の環境と共生した農業であり、作目だけでなく作り手ごとに取り組みが異なる。現場を訪れること

で、有機農業への理解を深め、「有機栽培だから○○であろう」という呪縛から解放されてほしい。

しかし、有機農業を推進していくうえでもう一つ重要なことは、有機農業の理解者を増やし、食べることを通じて有機農業を支え・広げる人を増やすことである。

今や、子どもだけでなく、私の大学でも「野菜全般が苦手」という女子大生が増えている。学生の会話からは、若者の食に対する意識だけでなく、家庭における食の在り方も大きく変わりつつあることを痛感している。自分が食べているものの姿が見えにくくなっている現在、食べることを楽しめない若者が増えている。しかし、自分が食べているものが自分の身体を作り、それがどのように作られ、その栽培・飼養方法が環境にどのような影響を与えているのか、そのつながりが見えてくると行動変容が起こることがわかってきた。

身近なところに食・農・環境を体感できる有機菜園を

1994年から勤務先の教育農場で有機農業を介した教養教育を実践している。筆者が着任したのを機に、有機栽培へ転換し、以来、農薬も化学肥料も必要としない、「循環」「共生」「多様性」を基本とした有機農業を実践している。1週間に1コマ、90分だけ、夏休みは2ヵ月という有機菜園教育カリキュラムを確立し、現在も実践を継続している。

2003年からはその経験をもとに、港区南青山にある子育て支援施設で未就学児とその家族を対象にした「親子有機野菜教室」を主宰している。こちらは1回90分、1コース4回で植え付けから収穫まですべて自分たちで行なうものだ。多摩ニュータウンの団地にコミュニティ菜園を設け、有機農業を核としたプログラムを展開し、学内でCSA（地域で支えあう農業）にも取り組んでいる。

学生と共に、大地を耕し、タネを播き、その収穫物をいただくという活動を続けていくなかで、学生たちから有機農業が有する人を育てる力を教えられ、そのなかから、「食」と「農」と「環境」をつなげる教育として有機農業が大きな可能性を有することを痛感している。多様なものとの共生、いのちや物の循環など、有機農業の実践を通じて体感することは、現代社会を生き抜くために必要な、他者との共生、異文化コミュニケーションなどにもつながる大切な視点ももたらしてくれる。

都市部における社会問題解決と有機農業

2019年11月末、練馬で世界都市農業サミットが開催された。東京を除く、ロンドン、トロント、ジャカルタ、ソウル、ニューヨークの5都市からは社会問題の解決のために有機農業が実践されていることが報告された。有機農業を介した教育実践を通じて、有機農業が有する多面的機能と可能性に注目してきた筆者の思い、すなわち、有機農業が人を育て、それを介して人と人の関係が紡ぎなおされ、コミュニティの再構築につながる、が重なった。

同様の動きはカリフォルニアでも見られる。(注1) 芝生を剥がし有機菜園に転換したり、ホームレスの自立支援のための有機農場など、有機農業は今や、一部の富裕層のためだけでなく、貧困対策など社会問題解決のための手段としても用いられている。そこには、化学肥料や農薬を用いない生産方法であっても、そこで働く人の人権が守られていなかったり、適正価格で取引されていなかったり、先住民族の伝統文化や在来知が軽視されるようなことがあってはならないなど、生産方法以外の側面にも目を向ける農生態学(アグロエコロジー)の考え方が大きく影響を与えている。

「有機農業に適した研究アプローチ」に変える

有機農業の研究には、近代化技術とは異なる研究アプローチが不可欠である。推進法の成立で大きく変わったことは、国や地方公共団体が有機農業研究に取り組むようになり、そこに人と予算が投じられるようになったことである。しかし、その歴史は浅く、近代化技術と比べ研究報告は乏しく、やっと始まったばかりである。さらに多くの人と予算が配分される必要がある。それでもこの十数年の間に、有機農業技術を現場で作ってきた生産者との連携のもと、大きな成果が生まれており、それらは『有機農業大全』(2019年、コモンズ)などにまとめられている。

有機農業研究を実効的に行なうための第一歩は「既存の有機農業者を尊重し、彼らとの信頼関係を築くこと」であり、ついで重要なのが研究目的や分野にあったアプローチを選択することである。[注2]その際、参考にすべきは、有機農業を含む農業生態系やフードシステムに関する研究、普及、教育を三位一体として扱う農生態学で用いられている研究アプローチである。そこには近代化（工業化）されたフードシステムを持続可能なフードシステムに転換するための段階が5つのレベルに分けて示されている。[注3]有機農業を横展開し、慣行農業からの転換を図るためには、この枠組みを参考に、わが国の有機農業の研究を進め、持続可能な食料システムへの行程表を作成してはどうだろうか。

その際、「有機農業は、近代化技術が目指してきた生産性の向上や持続性を外部資源の導入を前提として追求する体系ではな」く、「生産の持続性を生物間の相互作用系の自律性と強靭性に求める」こと、「地域資源を基軸として生産性を向上させ得る技術の体系を目指すべき」であること[注4]を認識しておく必要がある。

有機農業とは単なる「ノンケミカル」農法ではない

「有機農業」といってもそれに対するイメージや理解は十人十色である。有機食品の基準・認証制度や認証プログラムが民間から政府主導の公的制度へ移行したことで、有機農業の在り方も大きく変化し、有機農業の慣行化、持続不可能な有機農業実践という問題も各地で起きている。そのような変化に対応し、世界の有機農業運動をけん引してきた国際有機農業運動連盟（以下、ＩＦＯＡＭ）は、有機農業の定義、有機農業の原則を定めた。さらに、これまでの有機農業運動を振りかえり、次なる段階を「オーガニック３・０」としてパラダイム転換を呼び掛けている。

ＩＦＯＡＭの有機農業の定義には、生産の原則に加え、世界の有機農業運動が目指してきた基本理念「関係するすべての生物と人間との間に公正な関係を築く」「いのちとくらしの質を高める」が含まれている。「健康」「生態的」「公正」「配慮」の4項目からなる有機農業の原則には、「これらの原則はすべてが一つのものとして用いられるべきである。これらは行動を喚起するための倫理的な原則として構成されている」との注記がある。これらはいずれも、有機農業とは単に禁止資材を使用しない「ノンケミカル」農法ではないことを示している。

「オーガニック３・０」は、アグロエコロジー、フエアトレード、スローフード、小規模・家族農業、CSA、都市農業などに取り組む人々とも共有され、真に持続可能な農業への転換に向けた連携が生まれている。しかし、日本社会は概してこれらの取り組みに対する理解が浅く、これらと有機農業や持続可能性との関係について十分に理解されていない場合が多い。

イノベーション技術への期待より、既存の有機農業技術の改良と精巧化を

２０３０年までは有機農業を横展開、その後は開発されたイノベーション技術で有機農業の拡大を図る、「みどり戦略」のこの筋書きに最も違和感を覚える。

パブリックコメントで最も多くの異議が唱えられたゲノム編集は、海外では遺伝子組み換え技術と認定されることが多い。１９９０年代、米国が有機農産物の基準に遺伝子組み換え技術を認めさせようとしたことがあった。１９９５年、ニューヨーク農試で開催された有機ブドウ・ワインの会議に参加した際、著名な農業経済学者から「有機農業はなぜ、遺伝子組み換えを排除しようとするのか。何て愚かなことだ。それを導入すれば農薬使用量は大幅に軽減できるのに」と言われ、驚愕したことを思い出した。

ブドウやキウイフルーツの有機栽培に取り組む親の姿を見ながら育ち、勤務先の教育農場を有機栽培へ転換した筆者は、有機農業はだんだん良くなる農法であること、転換10年後を過ぎるころから、問題が徐々に少なくなることを目の当たりにしてきた。そして、近年やっとその仕組みが科学的に解明されつつある。有機農業は、化学肥料や農薬を多投する近代農業に疑問を抱いた農業者が現場で、その地域の自然環境条件に即した栽培体系、販売方法を模索してきた結果であり、「現場主義」であることを忘れてはならない。

（注１）ドキュメンタリー映画『Edible City』（視聴版は無料公開）など。
（注２）澤登早苗・小松崎将一編著『有機農業大全』（２０１９年、コモンズ）、22～25頁。
（注３）前掲書55～57頁。
（注４）前掲書25～28頁。

さわのぼり・さなえ　恵泉女学園大学人間社会学部教授。多摩市農業委員。農学博士。１９５９年山梨県牧丘町生まれ。牧丘町の「フルーツグロアー澤登」にてブドウとキウイフルーツの有機栽培を実践。日本有機農業学会元会長。著書『教育農場の四季――人を育てる有機園芸』（コモンズ）ほか。

みどりの食料システム戦略とアニマルウェルフェア

——日本でアニマルウェルフェア・有機畜産を実現するためには何が必要か

植木美希

アニマルウェルフェアの定義と有機畜産

２０２１年５月に「みどりの食料システム戦略」が発表された。その中では２０５０年目標にアニマルウェルフェアの実践が掲げられている。ＯＩＥ（世界動物保健機関）ではアニマルウェルフェアを「動物の生活とその死に関わる環境と関連する動物の身体的、心的状態」と定義しているが、私は、動物を健康で幸福な状態で飼育することと理解している。

後述するように、アニマルウェルフェアは家畜の本来の行動様式に沿った飼育方法が重要であるため、放牧や過密にならない畜舎にはある程度の広さのある土地が必要である。また動物たちを健康に飼育するには良質の飼料も必要となる。こうした視点から見ればアニマルウェルフェアと有機畜産[注1]は別々のものではなく、目指すべき方向は同じだと言えるだろう。

アニマルウェルフェアの歴史

アニマルウェルフェアの歴史が長いイギリスでは１８２２年に動物虐待防止法が制定されているが、本格的な議論が始まったのは１９６４年のイギリスのルース・ハリソンによる『アニマル・マシーン』の出版が契機であった。この本では第２次世界大戦後、世界的に経済復興と食料増産が叫ばれる中で急速に普及する集約的畜産の犠牲になる家畜の悲劇を克明に炙り出している。ルースはこの本を農薬の害について世界的に警告したレイチェル・カーソンの『沈黙の春』に影響を受けて書いており、レイチェル・カーソンもまたこの『アニマル・マシーン』に前文を寄せている。しかもこの本は家畜の飼育方法の問題点だけでなく、食肉に残留する抗生物質やホルモンの問題点も指摘している。人間と動物の健康が連続していることや、人獣共通感染症の問題と農畜産業全体のあり方を問うている。

さらには政府の諮問委員会であるブランベル委員会が立ち上がり、そこでは、「全ての動物に寝る、立つ、向きを変える、身繕いをする、手足を伸ばす行動の自由を与えるべき」との答申が出され、今も動物福祉を考える上での原則「５つの自由」の元となったが、さらに大きくアニマルウェルフェアの推進に舵を切るのにはＢＳＥの発生があった。効率を追い求める畜産業では、家畜だけでなく人間の健康も守ることはできない。ＢＳＥや口蹄疫、鳥インフルエンザで大量の家畜が処分され、このままでは持続可能な食料生産は維持できないことが自覚されたのである。そこで消費者の健康を維持できる農業から消費までのフードシステムとしてのプロセス管理の重要性が認識され、新たな食品法の制定につながっていく。

アニマルウェルフェアの象徴
——採卵鶏のバタリーケージ飼育の禁止

ＥＵでは２０１２年に、日本では一般的な鶏の飼育方法である採卵鶏の狭いバタリーケージ飼育を禁止した。ＥＵでの本格的な動物福祉の法律は１９７４年のと畜される動物保護に関する指令にまで遡る。このバタリーケージ禁止に至るまでには40年近い年月がかかった。

ＥＵと日本の生産方法別飼育羽数を比較すると、ＥＵでは２０１０年には45・４％もあったバタリーケージ飼育による生産が全くなくなり、認められている改良型ケージ（７５０㎠／１羽）がそれに替わった。２０１５年ごろから、その改良型ケージも減少に転じ、２０１９年には多段式のエイビアリー(注２)を含む平飼いが32・５％、放牧が11・８％、有機が６・２％とケージフリー鶏が50％を超えている。これに対して同じ２０１９年、日本では狭いバタリーケージ飼育が94・２％にのぼり、平飼いは４・９％にすぎない。

フランスやイタリアなどのスーパーマーケットに行くと、もはや改良型ケージ卵であっても店頭からほぼ姿を消し、ケージフリー卵が大半を占めている。このような急激な鶏卵市場の変化の背景には卵殻への生産方法の直接表示が絶大な効果を生み出した。実はＥＵではすべての卵に有機：０、放牧：１、平飼い：２、改良型ケージ：３の数字による表示がなされており、有機卵が最上位に位置付けられている。この表示で消費者の関心が喚起され鶏の飼育方法への正しい理解が深まり採卵鶏のケージフリー化が急速に進んだ。卵売り場にはこの数字の読み方の看板が掲げられているところが多く、消費者の理解を助けている。卵の価格は平飼い卵が基準と言っても過言ではない。

このような消費者の意向を受けて外食や流通業界などの食品関連産業も続々と２０２５年にはケージフリー化を実現すると表明しており、ＯＩＥの基準がどうであれ採卵鶏に関しては、ケージ養鶏に後戻りすることはないだろう。（注３）またこの流れに至るまでには欧米の動物擁護団体の粘り強いロビー活動と市民への普及活動があったことも看過できない。

乳牛をめぐる状況

一方、乳牛に関しては８週齢以上の子牛のペン飼育（注４）や繋ぎ飼いを禁止しているだけであり、搾乳牛の繋ぎ飼育を完全に禁止しているわけではない。ＯＩＥ基準でも繋ぎ飼いは認められており、一回りできれば良いとの中途半端な基準となっている。

とはいうものの２０３０年に向けての欧州「農場から食卓（Farm to Fork）戦略」では放牧や有機畜産、動物福祉を進める方針を打ち出している。ＥＵの乳牛の飼育面積は平均１ha当たり０・８頭であり、日本とは比較にならないが、最も飼育密度が高いオランダでも３・８頭である。このオランダであっても持続可能な酪農乳業チェーンのため、80％以上の酪農家が年間１２０日、１日６時間以上放牧することを目標としており、ほぼ達成しているという。

アニマルウェルフェアに配慮した有機酪農・乳製品

ＥＵでは有機食品市場の伸びが著しく、今後は放牧でアニマルウェルフェアに配慮した有機牛乳・乳製品のシェアが増加すると見られている。特に有機食品市場の伸展が著しいフランスでは、慣行酪農の生乳価格は多国籍乳業メーカーによって抑制傾向にあるため、プレミアム価格が付き、消費者に歓迎される有機酪農へ切り替える生産者も増加し、有機酪農生産者だけを受け入れる専門乳業会社が経営拡大中である。

アニマルライツやエシカル消費の観点から世界的に見て肉食を控えるベジタリアンが増加し、代替肉の開発も進みつつあるが、チーズやクリームなどの乳製品の摂取は許容するラクトベジタリアンは多い。また高齢化社会においては健康な体を維持するためにチーズなどのタンパク質の摂取は重要との認識があるため、今後も良質な乳製品の需要は増大すると考えられる。

日本の一般的な酪農概況

牛乳・乳製品は栄養価も高く、卵と並んで食生活に欠かせない食品である。国内における酪農家は1万4400戸と減少の一途を辿っているものの、逆に1戸当たり乳牛飼養頭数は88・8頭と増大しており1頭当たり乳量も87・75kgと過去最高となった。しかし、後継者のいない酪農家も多く、酪農の存続基盤が揺らいでいる。安心安全な国内産牛乳・乳製品の安定供給のためには消費者に支援される国内酪農の再構築を目指す必要があるのではなかろうか。

乳牛は牧草をはむ家畜であり、本来は草地が必要である。一般的に国内の乳牛飼育は、成牛になるまでの育成牛については骨格を作るために放牧される場合が多いが、搾乳牛になるとロープに繋がれるタイストール飼育や頸部を鉄パイプで固定するスタンチョン飼育等の繋ぎ飼育が一般的になる。繋ぎ飼いではないフリーストール（牛の寝床が1頭分ずつに区切られている）やフリーバーン（一定の大きな区画に複数頭の牛が入れられ、そこで自由に動いたり休息したりできるスペースがある）や放牧は約4分の1程度とみられる。

また繋ぎ飼育は床が汚れないように排泄の場所を電気ショックでコントロールするカウトレーナーとセットになっている場合が多い。

土地利用に結びついた多様な酪農形態の存在

日本ではもともと山地の割合が6割を超え、3割程度ある平地は田畑になり、ヨーロッパのような草地としての利用形態は一般的ではないため、広々としたところでの放牧は北海道や東北などの一部に限られる。しかし、国内でも繋ぎ飼いではない様々な飼育方法を工夫して実践する酪農家も全国に存在している。

例えば、東京都内の磯沼ファームは都内であっても約100頭の乳牛をフリーバーンで飼育し、限られた放牧地ではあるが放牧を実践し、ヨーグルト等の製造直売まで手がけている。もっと古くは神戸市北区の弓削牧場のように住宅地と隣接する六甲山の一部で放牧を実践しているが、まだナチュラルチーズの珍しかった時代からチーズ作りを行ない、結婚式もできる立派なレストランを併設する。現在、国内でのナチュラルチーズ作りは盛んで本場フランスのコンテストでも評価される製品が数々あり、このような個性的な牧場経営を目指す個性豊かな酪農家が全国に存在する。

耕作できないような急峻な山地の野草や野芝を利用した山地酪農も少数ではあるが実践され、自分たちで牛乳・乳製品の製品化を行ない通常の牛乳の数倍のプレミアム価格で販売されている。こうしたなかで（一社）畜産草地種子協会は日本で初の放牧基準を作った。この放牧基準に沿って生乳生産をしているのが、宮城県の愛コープみやぎと山形県ながめ山牧場による放牧牛乳やよつば乳業の全面的なバックアップによるよつ葉放牧生産者指定牛乳であり、全国の共同購入消費者の評価が高い。また北海道では国内初となる（一社）アニマルウェルフェア畜産協会の認証事業がスタートしており、ヨーロッパの進んだアニマルウェルフェア基準と比較して遜色ないレベルで基準が策定されている。既に14牧場、8事業所が認定を受けている。

このように日本においても、放牧面積はEUと比較して小さくとも工夫次第で、放牧は不可能ではない。しかし、酪農家戸数が減少していることから、持続可能な酪農経営のためにも南北に長く、中山間地域の多い日本の地理的条件にあった放牧技術を早急に確立していくことが必須である。林間放牧などは野生鳥獣被害対策としても有効である。また河川敷や耕作放棄地の利用は長閑な田園風景を創出し、酪農教育ファームとして活用も可能である。限られた国土であっても可能性を秘めている。また食料の安全保障の観点と持続可能な農畜産業のためには、次世代を担う子供たちへの安全な牛乳乳製品の提供は、例えば学校給食を通して行なうことが可能であり、そのことで生産者を支えることができる。

土地利用型畜産の鍵を握る消費者

消費者に向けては、アニマルウェルフェアへの理解は若い世代への普及活動が有効であろう。筆者らが武蔵野市のよつ葉牛乳共同購入グループにアンケート調査を実施したところ、会員歴の長い消費者は牛乳の品質や味の評価が高い。一方、アニマルウェルフェアに関しては新規に加入した30代前後の若い世代の方が共感を示した。一般的に、若い世代はＳＮＳの利用も高いことから、世界の動きにも敏感であろう。

世界の動向といえば、イギリスから開始されたＢＢＦＡＷ（アニマルウェルフェアビジネス評価指標）は多国籍企業のアニマルウェルフェアへの取り組みを評価し、機関投資家の投資行動に影響を与えようとするものである。日本の大手企業も２０１７年から数社が評価されているが、２０１９年になって初めて明治乳業の評価が1段階アップした。このような情報は世界中の投資家だけでなく世界中の消費者が瞬く間に共有する。だとすると、消費者の理解を得ることがアニマルウェルフェアや有機畜産を推進する最も近道である。

前述したようにＥＵでアニマルウェルフェアの推進を進めてきた動物擁護団体は適切な食品表示が最も有効であるとの見解を示している。日本においても、科学的エビデンスに基づいたわかりやすい表示を農水省だけではなく関係省庁と連携して進めていく必要がある。この表示は消費者の利益を守るだけでなく、努力している生産者の利益を守ることにもなろう。結果としてフードチェーンそのものの品質保証につながり、国内農畜産業の持続につながっていくのではなかろうか。

（注1）有機畜産とは、家畜に農薬や化学肥料を使用しないで栽培した有機飼料を給餌し、かつアニマルウェルフェアに配慮した飼育方法。

（注2）止まり木、巣箱、砂浴びのできる運動スペースがある多段式の平飼いケージフリーシステム。

（注3）１４０万人ものＥＵ市民の署名により２０２１年End the Cage Age ECI が成立したため、ＥＵでは２０２７年を目標にすべての動物でケージフリーが進められる。

（注4）一頭ごとにペンと呼ばれる小さな囲いのなかで飼育すること。

うえき・みき　日本獣医生命科学大学教授。農学博士。主な著書に『日本有機農業の旅』（ダイヤモンド社）、『日本とＥＵの有機畜産』（農文協）、『ＥＵの有機アグリフードシステム』（日本経済評論社）、『日本型アニマルウェルフェアの展開を目指して』（共編著、農林統計協会）、『動物福祉の科学』（共訳、緑書房）などがある。

「有機農業」という言葉からこぼれ落ちるもの

――「自然の森」に学ぶ持続可能な農業のあり方

村上真平

いま、地球温暖化対策を念頭においた「みどりの食料システム戦略」によって「有機農業」が再び注目されています。

かつて『わら一本の革命』の著者である福岡正信さんに「有機農業」をについて尋ねたところ、「小乗的有機農業は自然を壊す。大乗的有機農業であれ」と語られたことを思い出します。この一見挑発的な言葉には、「人間中心の自己救済的な有機農業ではなく、全生命的な有機農業であれ」という意味が込められていました。自然の法則がすべての生物を生かしているという事実がある一方で、人知が限られた不完全なものであり、地球温暖化などの自然環境破壊はこの不完全な人知によって引き起こされるという彼のメッセージは、しだいに深く私の心に入り込んできました。

一夜にして有機農業に切り替えた父母

私は福島県の農家に生まれ育ちました。愛農会の熱心な会員であった私の父母、村上周平とみよ子は１９７０年に有機農業に転換しました。当時、愛農会が主催した研究会で医師・梁瀬義亮さんの話を聞いたことがきっかけでした。奈良県五條市の開業医である梁瀬さんは、近隣の農民が原因不明の病気に冒されている実態を調べていくうちに、戦後、使われ始めた劇薬である農薬が農民の健康を蝕んでいることを突き止め、世界に先がけて農薬の害に警鐘を鳴らした方でした。梁瀬医師の話を聞いて父は「農業の目的は人の命を支えるために食べものをつくることであり、農薬と化学肥料を使うことでその食べものが人の健康を損なうのであれば、それは農の本道に反することだから、それらを使わない農業をする」とその日のうちに決心し、家に帰ってきて母と話し合い、農薬、化学肥料をいっさい使わない有機農業に転換すると決めました。

堆肥をつくって土を肥沃にし、単作ではなく多くの作物を同時期につくり、輪作によって病害虫を防ぐなど、昔から農民が行なってきた伝統的な農業の方法で農作物をつくりはじめました。軌を一にして、郡山市や福島市の安全な農産物を求める消費者グループと産消提携をはじめたことで、季節に合った作物を生産し、値段も生産者である父が決めることができるようになり、父母はかなり早い時期から有機農業で経済的に自立できるようになりました。

『わら一本の革命』と四つの「無」の衝撃

そんな農家に育った私にとって福岡正信さんの『わら一本の革命』との出合いは衝撃的なものでした。福岡さんはこの本のなかで自然農法の四大原則を述べています。「無（不）」耕起、「無」肥料（化学肥料はもちろん堆肥も不要）、「無」除草、「無」農薬。これは有機農業をしている者として、とうてい受け入れられる内容ではありません。あの当時、父母がしていた有機農業の作業は耕起と堆肥づくりと除草が主なもので、それが必要不可欠と思われていたからです。それなのに福岡さんはいとも簡単にそれらを「いらない」と言うのです。なんと挑発的なのだろうと思いました。

福岡さんは「自然の森には誰も肥料を入れたり耕したりしないが、いつも柔らかく、豊かさを保っている。ところが農地には毎年肥料を入れ、耕しているのに硬く、栄養のバランスが崩れている。なぜなのか？」「人間が何もしない自然の森では、病虫害という問題がない。ところが農民が農薬で防除している農地では、常に病虫害の問題がある。なぜなのか？」と問いかけます。

最初、福岡さんの極端な言い方に反発を覚えた私も、次第に彼の言う自然農法を無視することができなくなってしまいました。そして「農業が自然を壊すのだとしたらどこに問題があるのか、自然を壊さずに人間も生きられるような農のあり方とはどんなものなのか」——彼が投げかける本質的な問いに、理論的にも実践的にも答えることを一つの課題にして、1982年、23歳のときにインドに向かいました。

訪れたのはインドのブッダガヤという仏教の聖地です。ガンジーの教えを実践しさまざまな社会活動をしているサマンバヤ・アシュラムのもっている小学校に併設された農場で有機農業を教えるという名目で、ここに滞在することになったのです。ブッダガヤで目にしたのはまったく木が生えていない山と一滴も水のない川、そして灼熱の気候です。約2550年前、釈迦が悟りをひらいた時代、この地には豊かな森と大河があったのです。それを失わせたものは、最初に私が予測していたような、緑の革命がはじまって化学農業が広がったからということではありませんでした。先進国の援助によって化学農業を普及した緑の革命は1960年代ですが、そのはるか昔、農耕と牧畜によって、森の木を切って、レンガを焼いて建物を立て、都市を造って暮らすという行為がはじまって以来、長い時間をかけてブッダガヤは砂漠化していったのです。

「自然の理に沿った農業」を求めて

インドのアシュラムでの活動を終えた私は、その後、バングラデシュやタイで海外協力に携わっていましたが、その十数年間は帰国するたびに福岡さんの農園に何度も行って、いっしょに作業をしたり、インド、タイ、ベトナムなどに出かけたりしていました。そのときに福岡さんが私に投げかけた「自然を壊さずに人間も生きられるような農のあり方とは何か」という問いかけを、私はライフワークと思い定めました。そしてその時から、私は「有機農業」という言葉は使わず、「自然農業」とか「自然の理に沿った農業」と呼ぶようになりました。

では「自然の理に沿った農業」とはいったい何を指すのでしょうか？　永続できる本当の意味での持続可能な農業があるとして、そのヒントとなる理想の姿はどこにあるのでしょうか？

それを言葉にするならば、「耕さなくても土はいつも柔らかくて、肥料をやらなくても十分に作物が育ち、除草しなくても草は問題にならず、農薬をかけなくても虫や病気の問題がほとんど起きない」。つまりそれは自然の森のようなものです。そしてこれは福岡さんがいう自然農法の四原則に合致します。私はこれらを守るべき「原則」ではなく、自然農法が目指す

「理想の農業の姿」だと思っています。その理想に向かう過程において、必要であれば耕すことも、肥料を入れることも、除草をすることもすればいいと思っています。大切なのは「向かう方向」なのです。

自然の森に現れる三つの理

農業技術というのは、土と草と虫と病気のコントロールというところに特化しています。

自然の森ではそのどれも、どんな人間よりパーフェクトに対処しており、健全な状態が安定して続いていて、農薬や肥料をいっさい使わなくても問題になりません。その原理を私たちが学んで農地のなかに自然の理を取り戻せるならば、その農地は徐々に安定し、外から何かを加えることがなくとも十分に生産していけるのです。

自然の森に現れている自然の理とは自然の森を地上で最も安定して永続する生態系にしているものは、「循環性」「生物多様性」「多層性」という三つの理（ルール）です。

①豊かな土をつくる「循環性」

自然の森に住む全ての生命（「植物」「動物」「微生

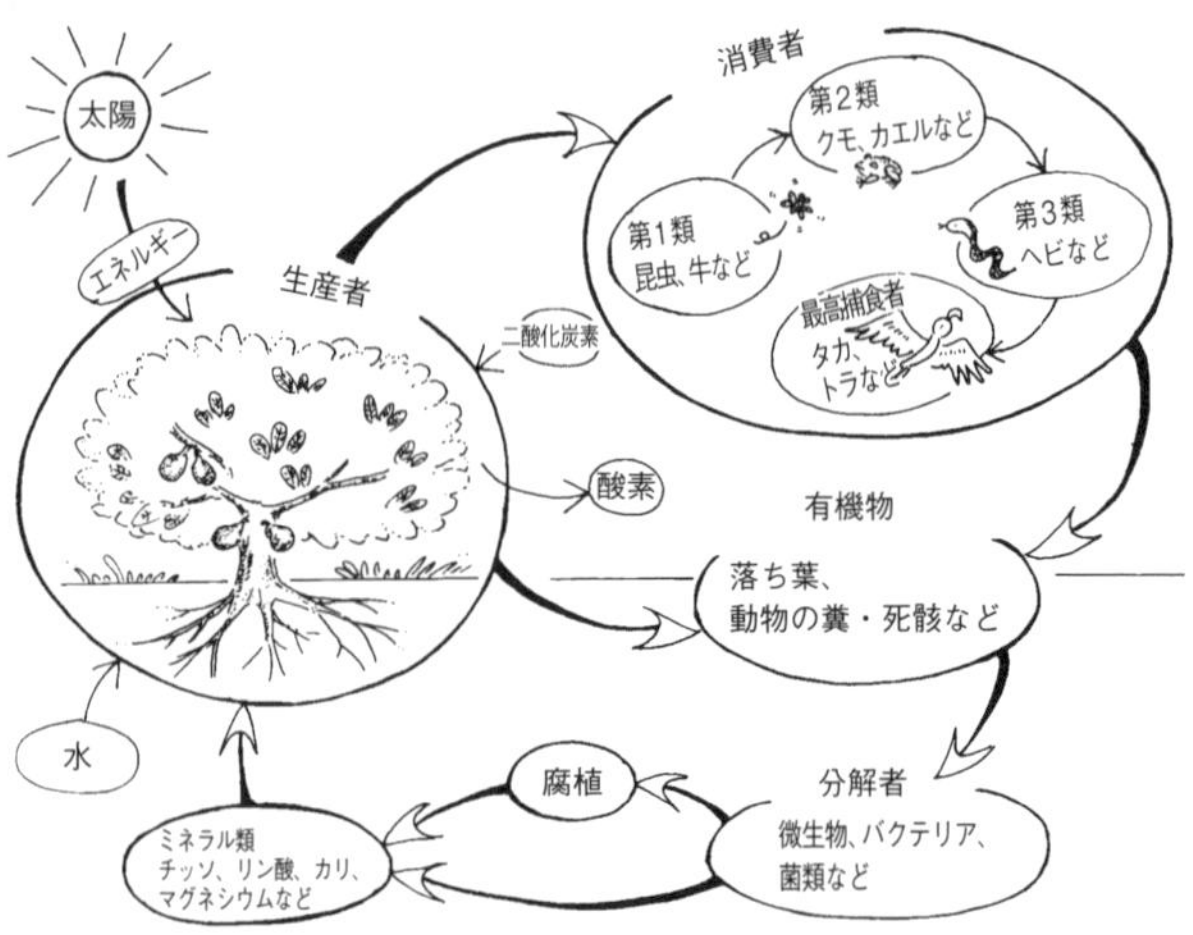

物」）は全てがつながって循環しています。この循環から見えてくることは、生産者「植物」、消費者と呼ばれる「動物」、分解者と呼ばれる「微生物」もそれ単体では生命を支えることができないことがわかります。生命は単体で生きることはできず、それぞれを必要としています。その必要としているつながりの環が

循環なのです。その意味で生命が生き続けるということは循環しているということなのです。そして、農地の作物も私たち人間もこの循環の中でしか生きることができません。この循環の外に存在している生命はないのです。

森の中で死んだ生命――動物の死骸とか糞尿、森の木々が落とす葉や枝などを総称して有機物といいます。有機物は微生物によって分解されて腐植になり、最終的には無機質になり、植物に吸収されます。この腐植が加わることで土は植物の根が健全に育つ団粒構造をつくります。また、腐植は徐々に分解しながら植物にとって吸収しやすい形の栄養素を供給していくため、人為的に肥料を与えなくても植物は健全に生育します。その意味で、自然の森の循環がつくるこの腐植こそが農業にとってもっとも大切な土をつくるもととなります。

②安定した生態系バランスをつくる「生物多様性」

生命が続くということは循環が続く必要があります。続くためにはこの循環生命システムが安定することが必要になります。そして、生命が生み出した循環を安定させる仕組みが生物多様性です。

まず、生命は地上で単体ではなく植物、動物、微生物という三つの生物に別れ、循環というつながりで、持続可能な循環生命システムをつくりました。そして、さらに安定させるために、植物も動物も微生物もそれぞれに単体ではなく何百万種という多様な種によって、無数の循環の環をつくったのです。それは循環の環を途切れさせないためです。

この生物多様性は、一つのものが全てを駆逐して広がるということができないシステムです。それぞれの種はその種が続くための個体数を維持することができるけれど、大発生することができないシステムです。ですから、自然の森では農業で害虫と呼ばれる虫がいても大発生できないので、単なる虫です。農業で病原菌と呼ばれる菌も同様に、多様な微生物の一つとして生存していますが大発生できないために、病原菌とは呼ばれません。生物多様性こそが生態系のバランスを保ち、循環生命システムを安定させているのです。

③雨水と太陽の光を最有効活用する「多層性」

自然の森は温帯でも熱帯でも必ず、多層性という構造を持ちます。土の表面は落ち葉で覆われ、その上に小さな草があり、その上に小さな木、その上に中くらいの木、その上に大きな木というふうに、多層構造になっています。

この自然の森の植物の多層性は生命の源である水（雨水）とエネルギー（太陽の光）を最大限に利用できる構造であるとともに、長い年月の循環によって蓄積された大切な土を完璧に守る構造なのです。また台風などの自然災害の影響もほとんど受けません。つまり、自然の森は気候の変動性に左右されることが少なく、非常にリジリエンス（回復力）の高い構造です。

自然の森に学び、農業によって失われたものを取り戻す

こうして自然の森は人為的なエネルギーをいっさい投入することなく、太陽エネルギーを光合成で炭水化物にかえて、植物・動物・微生物の循環の中で農地の2倍以上のエネルギーをつくっています。

一方、今の日本農業は1カロリーの農業生産のために、10カロリー以上を投入しています。アメリカでは20〜30カロリーです。投入した分より取る分が少なければ、当然そのシステムは疲弊し、持続できません。そんな農業が人間を永続的に養っていけるわけがないのです。

ではどうしたらよいのでしょうか。それはある意味で簡単です。地球上においてもっとも持続可能な生態系を有し、かつ温暖化を効果的に抑えるものは自然の森です。ですから私たちは「自然の森の何が持続可能性を実現しているか」ということを理解し、森を伐採して農地にして農耕を始めたときに何が失われたのかということを知り、それらを農業に取り戻せばいいのです。それを「向かう方向」として技術を集積し、伝達していくことがいま求められているのではないでしょうか。


（付記）本稿の詳細は「自然の森に学ぶ持続可能な農業のあり方」『愛農』2019年1月号〜2020年12月号を参照。

むらかみ・しんぺい　1959年福島県生まれ。バングラデシュとタイで自然農法の普及と持続可能な農村開発のNGOにかかわる。2002年に帰国し、福島県飯舘村に入植。2011年3月の福島第一原発の事故を受けて、三重県伊賀市に避難。津市美杉町の山あいの耕作放棄地を開墾し、2013年春、なな色の空自然農園を開設。公益社団法人全国愛農会・前会長。家族農林漁業プラットフォーム・ジャパン代表。

有機農業を地域で盛り立てる

無謀と言われた有機米の学校給食
こうして実現した

千葉県いすみ市　鮫田　晋

たった4年で達成できた

千葉県いすみ市（人口約3万7000人）には、小学校が9校、中学校が3校あります。2015年から、その児童生徒約2200人が食べる学校給食に、地元で生産された有機米を使用し始めました。そして2017年の秋からは全量を切り替えました。

いすみ市は有機農業が古くから盛んな地域だったわけではありません。有機米づくりが始まったのは2013年ですから、つい8年前までは有機農業とはほとんど縁のない地域でした。そこでゼロから有機米づくりに取り組み、わずか4年で学校給食の全量有機米使用（42t）を達成し、現在はさらに30haで120tを生産するまでに成長しています（図）。

なぜそのようなことができたのか、いすみ市のこれまでの取り組みをご紹介します。

初年度は草取りに追われて大失敗

いすみ市は、都心から70km、特急で1時間ちょっとの距離にありながら、昔ながらの里山、里海が残る自然豊かな地域です。田園にはゲンジボタルやコハクチョウが舞い、海岸には毎年、アカウミガメが産卵にやってきます。中心的な産業は農業と漁業で、農業のほとんどはお米づくりです。夷隅《いすみ》統《とう》と呼ばれる粘土質の土壌はお米づくりには最適で、いすみ市はこれまで何度も献上米に選出されている由緒ある良質米産地です。

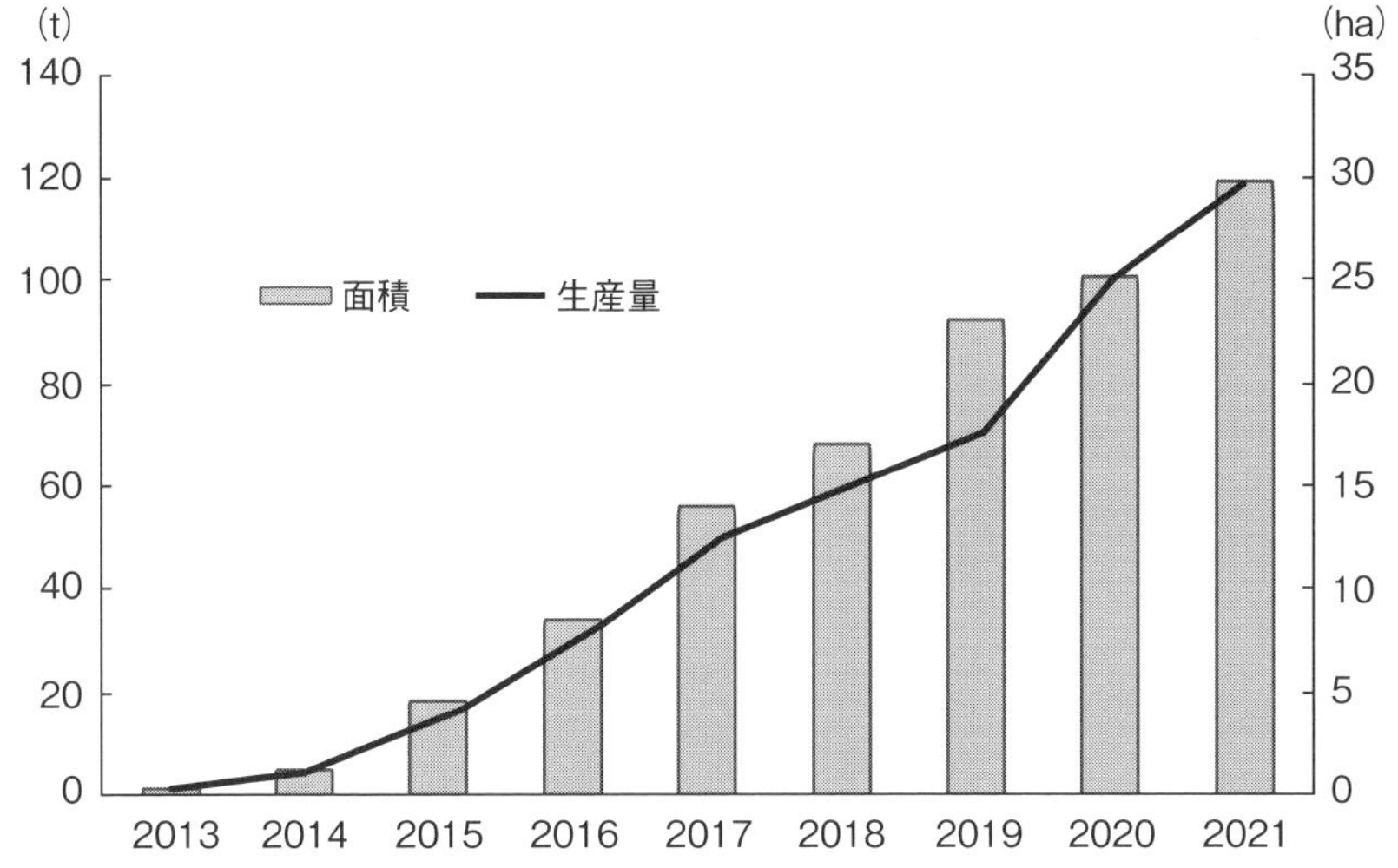

図　有機米生産の推移（いすみ市）

しかしながら、近年は米価下落が影響し、高齢化や担い手不足に見舞われています。太田洋市長にはかねてから、この豊かな田園を次世代に受け継ぎたいという強い思いがありました。その思いに明快な答えを示したのが、兵庫県豊岡市のコウノトリも住める地域づくりです。

いすみ市は、同じくコウノトリをシンボルに環境と経済の両立をめざし、２０１２年に「自然と共生する里づくり協議会」を設立。協議会は環境保全型農業による地域活性化を目的に掲げて、環境、農業、地域経済の３部門に45団体が加盟、まち一体となった活動をしています。

２０１３年、協議会のメンバーである地元農家３名と、まずは22ａの田んぼで無農薬栽培を手探りで始めました。結果は、草取りに追われて大失敗。この経験から、翌２０１４年より3年間、有機稲作の技術を指導する第一人者、民間稲作研究所の稲葉光國理事長（２０２０年12月ご逝去）を講師に迎え、市の環境にあった有機稲作技術の研修と実践に励みました。

除草ではなく「抑草」する

　有機稲作における最大の課題は、田の雑草にどう対峙するか。普通、雑草は生えるもの、これを除草しようと考えますが、稲葉先生の教えは田植え以降、田んぼに一度も入らないというもの。除草ではなく、田の草を抑える「抑草」です。例えば、田植え以降40日にわたって田の水位を７㎝以上に保つ深水管理がありますが、これは伝統的な稲作技術を現代に復活させたものです。荒代で雑草の種子を表層に集め、その後１ヵ月ぐらい浅く水を張っておくと、水が温まり雑草が一斉に発芽してきます。そのタイミングをねらって植代を深水でごく浅く行なうと、雑草を一網打尽に浮かせることができ、さらに代かきの濁り水に含まれる土の微粒子「トロ土」で田面をマルチし、その後の雑草の発芽を抑制することができます。私たちは伝統技術と現代の生態学的知見が融合した、民間技術の結集を教わることができました。

　すると研修初年度から、多くの農家が、雑草を抑えることに成功し自信をつけました。

稲葉先生によるポイント研修

子どもたちに食べてもらいたい

　２０１４年に収穫した４ｔの有機米の活用について、農家と話し合ったところ、学校給食を通して子どもたちに食べてもらいたいという意見が出ました。農家には、子どもたちの健康に貢献したいという気持ちや、子どもたちに地域の農業や環境に関心をもってもらいたいという気持ちが強くあったのです。

　その希望を市長に伝えると、二つ返事で力強く賛同。さっそく２０１５年５月の学校給食１ヵ月分に、いすみ市で初めて、地元産有機米が使用されることになりました。

学校給食に有機米を使用したことは、地域で大きな話題となりました。寄せられるのは好意的な意見ばかり。給食に地元産食材をイベント的に使うことはそれ以前もありましたが、これほど話題になったことはありません。

市民の期待に応えていると自信を深め、2016年の夏、いすみ市は全国で例のない、学校給食全量有機米使用という目標を打ち立てます。

そして、生産意欲をかきたてられた農家10人が新たに加わり、2017年には目標の42tを上回る、有機米50tの収穫を達成することができました。

コストアップ以上の効果

学校給食へ有機米を導入するうえで、食材購入費のコストアップは避けられません。そこでJAと協議し、まず生産者に再生産可能な価格（60kg当たり2万円、有機JAS取得の場合はプラス3000円）を保障したうえで、納入業者であるJAの手数料は最低限に抑えていただくようにしました。

有機米切り替えによって、給食センター側に発生する差額は、市の一般財源で補填し、保護者が負担する給食費の値上げは一度も行なっていません。年間の積み上げ額は400万〜500万円になりますが、その金額以上に、新たな産業を育てる効果や、子どもたちへの食育効果がみられるため、その予算は問題となっていません。

まず、100％有機米給食にしてから半年も経たないうちに、主食の残食は約20％から15％に、3年経った現在は一桁まで減りました。有機米給食が気に入って、いすみ市に移住してきた方もいます。市の取り組みは新聞や雑誌、WEB、ドキュメンタリー映画など様々な媒体で紹介され、宣伝効果は少なく見積もっても1億円を超えています。余剰生産分の有機米は外部に販売していますが、おかげで多くの得意先に恵まれています。

そして農家は皆、やりがいをもって有機米づくりに励み、新規就農者もやってきました。さらに、有機野菜も学校給食に使ってほしいという農家が現われ、この2年余りで有機野菜も8品目（ニンジン、タマネギ、ジャガイモ、長ネギ、ニラ、ダイコン、キャベツ）使い始めました。現在は、この8品目の25％ぐらいが地元産の有機栽培になっています。

市内の子どもたちの有機野菜収穫体験集合写真

有機農業活性化の切り札になる

イタリア、フランス、デンマーク、スウェーデン、クロアチア、フィンランド、ドイツ、ラトビア、スロベニア、ブラジル、韓国など、世界は学校給食へ有機農産物を積極的に導入することで、有機農業を勢いよく拡大しています。

一方で、わが国が策定したみどりの食料システム戦略は、学校給食を含む公共調達にほとんど触れていません。戦略に謳われているようなマーケットに偏重した消費拡大策では、外国産オーガニックにますます市場を奪われると懸念されています。

自治体の裁量にある学校給食は、有機農業活性化の切り札になる。いすみ市も、学校給食での利用がなければ、有機農業のまちには成り得ませんでした。そんないすみ市だからこそ、確信をもって主張できることがここにあります。

さめだ・しん　千葉県いすみ市農林課農政班主査。1976年生まれ。学生時代に始めたサーフィンが縁で、2005年に東京の民間企業から岬町役場（現・いすみ市）に職員採用試験を経て転職。2013年より、環境と経済の両立を目指す「自然と共生する里づくり」に従事。2017年に学校給食の完全有機米使用を達成。

草の根運動が政治を動かした韓国の「親環境無償給食」

姜　乃榮

学校運営の民主化運動と農民運動が出会う

韓国の学校給食運動は、1998年に地域の市民運動として始まった学校運営委員会を正常化するための活動に端を発している。受益者負担である教育費の問題に関心を持ち、問題を具体的に解消するための運動が展開されるなかで、学校会計の3分の1以上を占める給食関連予算と給食の内容、運営体系などの問題が取り上げられた。これらを健全な方向へ転換できるよう、学父母（日本でいう保護者）たちを組織する過程で、2002年4月27日に「学校給食全国ネットワーク準備委員会」が結成された。また、2002年7月19日には、民主労働党（2011年に統合進歩党に合流し消滅）が主催して、学校給食法を改正するための討論会が開かれた。この討論会に、農協調査部、給食ネット準備委員会、全国教職員労働組合、真の教育学父母会、農業回生連帯などが集まり、全国レベルのネットワークが正式に発足した。

これとほぼ同じ時期に、農民たちが、「私たちの米を守る農業回生連帯100人100日リレー」というキャンペーンを進めた。これは、グローバル競争に巻き込まれて日々荒廃していく農業を生き返らせるため、自らを救う選択として、「学校給食に地域産の農産物を使用する、という原則を制度化しよう」というものだった。学校の運営を正常化しようというグループと同じように、2002年7月19日に民主労働党が主催する討論会に参加したことをきっかけに、全国レベルのネットワークに参加することになった。

その後、学校給食法の改正を国会へ請願するため、全国レベルの給食活動家たちが共に、給食ネットワークを正式な団体として出発させた。そしてすぐに、国会へ法改正を求める請願を提出した。しかし国会の動きはなく、それぞれの地域で住民発議により条例を制定する形へ転換した。給食ネットワークは、この力で新たに「学校給食法改正と条例制定のための全国運動本部」として、2003年に出発した。

条例制定運動として、新たな局面に

住民発議による学校給食支援条例を制定する運動は、一層盛り上がった。そんなさなかの2004年、広域自治体である全羅北道（チョルラブット）の条例に対して、韓国政府はWTO（世界貿易機関）に違反することを理由に提訴した。この条例は、地域産の親環境農畜産物《(注1)》をはじめとする国産農産物の使用を支援することを原則とするものだった。他の地域の条例も、同じ手順を踏むことになった。2005年9月9日に大法院（日本の最高裁判所にあたる）は、「自国産と外国産を差別してはならない、との原則に違反する」という判決を出した。この影響で、条例制定運動は一時勢いを失った。

大法院判決の主な争点は、同一の品種に対して自国産と外国産を差別することを禁止する項目だった。しかし、WTOでは「同一の品種でない場合は、差別禁止に該当しない」としていることを知り、「『地域産で、かつ環境にやさしい農産物』とすれば、同一の品種と扱われない」との答えを得て、大法院の判決は誤りとの意見書を提出した。そして、条例のうち「国内産農産物」という表記を「安全な食材」または「親環境農産物」に修正することで、整理がついた。

このように、大法院の判決にも屈せず、法の死角を粘り強く明らかにすることで、新たな運動へと転換していく市民の力を見せつけることになった。市民運動の力はついに政府の方針も変えさせることになり、韓国政府・外交通商部もWTOへ「学校給食へ供給される農産物に自国産を使用することを許容する」という内容の附属書を、2006年に提出した。2007年6月30日に韓米FTA（自由貿易協定）が調印されたが、この政府調達協定の附属書にも「学父母が負担しない費用により学校給食材料を供給する場合、両国は自国産農産物の使用を許容する」との内容が入れられた。こうした一連の流れが集まり、地域内の支援センターを通じて現物または現金を供給する体系へと、親環境無償給食を行える基盤が整えられていった。

ソウル市長を交代させた無償給食運動

２０１０年12月1日、ソウル特別市議会は、親環境無償給食条例案を可決した。ところがソウル特別市は、２０１１年度予算案に、親環境無償給食[注2]を支援するための予算を組まなかった。これで初等学校（日本でいう小学校）の子どもたちへ親環境無償給食を全面的に実施することが難しくなった。

市議会と市が対立するなか、当時の呉世勲（オ・セフン）市長は、「無償給食は、福祉の仮面をかぶった亡国的なポピュリズム」だとして市議会との対話を拒否した。市長は「有権者たちに直接意見を聞きたい」として、市長職を賭けて、無償給食を全面施行することの賛否を住民投票にかけた。しかし投票率は25・7％で、成立要件の33・3％に達せず、開票すらされなかった。呉世勲市長は責任をとって辞任した。

その後、朴元淳（パク・ウォンスン）市長が２０１１年10月27日に就任し、公立初等学校５・６年生を対象に、無償給食を初めて行なった。２０１２年にはすべての公立初等学校と中学校1年生へ、対象を拡大した。２０１３年に中学校2年生が、２０１４年に中学校3年生が、無償給食を受けられるようになった。ここから高校に無償給食が導入されるまでには時間がかかった。なんと5年後の２０１９年から高校３年生が

2000余りの市民団体が参加する「親環境無償給食草の根国民連帯」は、2010年3月16日午前11時に、ソウルの世宗（セジョン）文化会館で出発式を開いた
出典：SAPENET

対象となり、2020年に高校2年生が、2021年からすべての幼稚園から高校までが無償給食の対象となったのである。

ソウル特別市の無償給食への支援は、市長まで交代させる、空前の事態となった。「市長の個人的なお金ではなく、市民が払った税金であるのだから、市民たちの求めるところで、求めるやり方で使われなければならない」ということを胸に刻ませた事件だったといえる。また、「税金が、払ったとたんに存在感を持ち、私たちに見えない陰や進むべき道を照らしてくれる予算となり、その予算がまさに政策である時代」を開く、重要なきっかけとなった。実際に、その後のソウル市政では、住民参与予算制度が導入されるなど、予算編成作業の新たな転機となった。

親環境無償給食の現況

ソウル特別市は、「差別のない学校給食支援による普遍的な教育福祉の実現」という、食料基本権を保障することを目標に、無償給食を進めている。

2021年度のソウル特別市の無償給食に関する予算は、計7271億ウォン（約713億円）である。国公立・私立及び特殊学校（日本でいう特別支援学校）など1348校83万5000人の児童・生徒が、無償給食の対象となっている。2021年度の無償給食の単価は、幼稚園3100ウォン（約304円）、初等学校4898ウォン（約481円）、中学校5688ウォン（約558円）、高等学校5865ウォン（約576円）、特殊学校5472ウォン（約537円）などと定められている。

また、新型コロナの影響で登校日が減り、学校給食も一時的に中止状態となった。親環境流通センターへ協力する業者にも打撃となった。しかし、一部の農産物を購入し、それぞれの児童・生徒の家庭へ「食材パッケージ」として発送する事業を進めた。また、契約期間を1年延長したり、食材の管理費を一時的に免除したり、納品手数料率を引き上げるなどして、新型コロナにより被害を受けた業者を支援している。

さらに、学父母を対象に、オンラインで「親環境給食・食生活教育」を行なっている。この講座で「食生活教育・学父母講師」を養成し、学習を深める教育も進めている。現在生産されている親環境農産物に合わせて学校給食レシピを開発し、オンライン教育を行ない、資料を作って各学校に配布し、児童・生徒たちを対象とした食生活教育も進めている。

その他にも、「親環境型の食材を調達する体系を、どのように気候の変化や感染症の時代に対応したものにしていくか」を議論したり、「都農相生（都市と農村が共に生きる）の公共給食の成果をどう評価し、発展させていくか」を模索するため、政策フォーラムを企画するなどしている。

親環境無償給食の効果と意義

学校給食は、それぞれの学校単位では、「多品種・少量消費」である。しかし、韓国全体の760万人の児童・生徒たちが消費する量は、年間3兆ウォン（約2900億円）に達する、とてつもない規模である。消費経済の観点から、内需を安定的に確保し、規模の大きさを生かして計画的に経済を運営できるのが、まさに学校給食である。学校給食は、疲弊した農業に活力を与えるうえ、政策としても、親環境の農業分野を飛躍的に発展させるという成果を生み出した。

例えば、全羅南道は、住民発議による学校給食支援条例を韓国で初めて制定した自治体である。韓国で農地がもっとも広い広域自治体でもあるが、そうした重要な立地条件を土台に、親環境の農業を育成することを、地域の農政の基本政策とした。学校給食を支援する予算を韓国で初めて組み、地域の農産物を消費するよう義務化を進めた。この結果、農地全体の70％が親環境生産基盤となった。

「学校給食制度を改善しよう」という市民運動の成果として、学校給食は教育であることを再認識させた。そして、学校給食と運営体制の公共性を確保するため、学校給食を運営する主体は、民主的な学校運営の主体として、学父母と教員、児童・生徒、学校運営委員会の機能と権利を回復させた。さらに、教育へ参加することによって、学校直営で運営する給食と、親環境国産農産物を使うことの教育的価値を実現した。公教育レベルで食材を使う原則を示すことで、韓国政府はもちろん、自治体の責任を強化し、住民自治を具現しようと努力する一環として、学校給食支援条例を制定する動きが広がった。そして、これと関連した予算的支援により、地域の農業と生産環境を親環境農業へと発展的に転換させただけでなく、この間、深まっていた農産物の流通体系の問題を、少しずつ構造調整することで、農協と自治体に変化をもたらした。

このように、学校と地域社会、都市と農村の、有機的な関係で地域の農家の役割はもちろん、役割に合った参加意思を誘導し、韓国の農業を発展させ、食料自給率を確保し、食料主権意識を高めた。さらに、地域間の連携によるローカルフード型の学校給食と、品目別自給率の確保を求めて、給食支援センターを設置し、流通構造を革新していく活動につながっている。

学校で始まった学校給食運動に代表される市民運動の影響により、「親環境無償給食の実現」を公約に掲げた多くの地方議員や首長たちが大挙して当選した。これまで私たちの子どもたちは、大人たちによって、いろいろな苦痛を味わわされてきた。かつては（給食費を払えないという）食べ物の問題によって、胸に苦しみを刻まれなければならなかった。しかし今では、教育として、普遍的な福祉として、癒やそうとする多数の論理が、勝利を収めたのである。親環境無償給食は、重要な時代的な潮流であり、大勢《たいせい》である。大勢に目をそむけたり逆らう者は、自ら屈することになった。

親環境無償給食は、子どもたちの学校給食に、もっとも安全な食材である親環境農畜産物を使うために、これまで学父母が支払ってきた給食費を、政府が税金でまかなうものである。これは、憲法第31条の「義務教育は無償とする」という規定に基づく命令であり、差別なく普遍的な教育福祉を実現するという時代的な要求であり、児童・生徒を中心とした教育と、人間中心の地方自治の実現とともに、農業再生と地域経済の活性化に寄与する、重要な地域自治なのである。

（注1）親環境農畜産物：生物の多様性を増進して土壌での生物的な循環と活動を促進し、農業の生態系を健全に保全するため合成農薬、抗生剤、抗菌剤など化学資材を使用しないか最小限にして健康な環境で生産した農畜産物（韓国立農産物品質管理院の定義）

（注2）親環境無償給食：健康と環境、生態的な関係を最優先的に考慮し、すべての食材の危害可能性について事前予防の原則を適用して生産・加工・流通過程が生態的・持続可能で安全になる給食を実現するために新環境給食に必要となる経費すべてを国または自治体が負担すること（ソウル市親環境無償給食条例の定義）。

カン・ネヨン　大都市ソウルにおいて、孤立的状況から社会的関係を取り戻す地域ファシリテーターとして活動している。慶熙大学フマニタスカレッジ兼任教授、ソウル市協治諮問団、ソウル市江南区1人世帯コミュニティセンター運営委員長、ソウル市江南区青年委員会副委員長。

有機公共調達をめぐる世界の動きに学ぶ
――ブラジル、アメリカ、フランスの給食改革から

関根佳恵

有機農業の面積拡大に代表されるように、みどりの食料システム戦略（以下、みどり戦略）がかかげるＫＰＩ（重要業績評価指標）は生産に関わるものが多く、それらの目標は技術革新で実現できるとされている。しかし、持続可能な農と食のシステムに移行するために、どのように有機農産物等の消費を拡大するかについての具体策は乏しく、自由な市場取引における「神の見えざる手」（予定調和）に任されている。

本稿の目的は、ブラジル、アメリカ、フランスにおける有機食材の公共調達をめぐる動向を紹介し、日本への示唆を得ることである。

ブラジルから広がる公共調達の変革[注1]

ブラジルでは、さまざまな社会運動に後押しされて、１９９０年代にはアグロエコロジー[注2]が農業政策に取り入れられていた。こうした状況のなか、連邦政府は食料入手プログラム（ＰＡＡ）[注3]を２００３年に、全国学校給食プログラム（ＰＮＡＥ）を２００９年に開始し、それぞれの食材調達額の少なくとも30％を地元の小規模・家族農業から調達し、アグロエコロジーを優先することを法律で定めた。

ブラジルの学校給食は、「食への権利」の考え方にもとづいて完全無償であり、両プログラムの推進によって貧困対策、環境保全、地域の小規模・家族農業の

支援、食事の質の向上と栄養改善、健康増進、多様な歴史的背景をもつ民族の食文化の伝承等を一体的に進めている。

特にPNAEの導入後には、国連やEU諸国等から視察が相次いだ。国連食糧農業機関（FAO）は、2011年からブラジル連邦政府と協定を交わし、中南米、アフリカ、アジア地域の学校給食の改善にブラジルのモデルを導入している。

アメリカの有機給食とGMO・農薬規制運動

アメリカでは、2000年代から西海岸のカリフォルニア州やワシントン州で有機学校給食に取り組む自治体が登場し、その後、全米の主要都市に普及した（Glaser & Roberts 2006）。2012年にはロサンゼルスで「よい食購入政策」が始まり、学校給食の公共調達において地元産の環境に配慮した安全な食材の調達を義務化したところ、価格競争では優位に立つ多国籍アグリビジネスが公共入札から撤退して話題となった（CGFP 2016）。2014年には、カリフォルニア州で有機100％（しかも地元産、小規模・家族農業から優先調達）の学校給食を提供する学区が現れ、その後、州内の他の地域にも同様の取り組みが拡大している（Foodtank 2021）。

注目すべきは、こうした取り組みが遺伝子組み換え作物（GMO）やグリホサート、ネオニコチノイド等の農薬の規制を求める社会運動と連動して展開してきたことである。特に、グリホサートは2018年に複数の州が使用を禁止し、製造企業（旧モンサント、現バイエル）に対して5万人以上が損害賠償訴訟を起こした。2020年に企業側が多額の賠償金を原告に支払うことで和解が成立している（新聞農民2020年8月10日付）。

これまで安全だとされてきた農薬の「神話」が崩れた今、有機農産物は「高所得者の嗜好品」ではなく、健康を保障するための「万人の必需品」であるとの意識が高まっている。アメリカの多くの自治体では、給食費は応能負担となっており、低所得世帯には給食費の補助も行われている。

フランスにおける有機公共調達の法制化（注4）

フランスでは、1990年代から有機農業者団体が学校給食の有機化を求める運動を展開し、小規模自治体が先行するかたちで実践が始まった。２００１年に農務省および環境省が共同管轄するかたちで「有機局」を設置し、省庁横断的に有機農業を推進する体制を構築したことが、後に公共調達の有機化を進めるための基礎となった。その後、数度の食品汚染事故（ＢＳＥやダイオキシン等）が社会問題化し、農薬・化学肥料に依存した農業を含めて、工業的な農と食のシステム全体の変革を求める世論が高まった。

こうした世論に応えるかたちで、時々の政権は、ＥＵの共通農業政策（ＣＡＰ）の改革[注5]と歩調を合わせながら、持続可能な農と食への移行に向けた制度改正を積み重ねてきた（関根 2020b）。そして、マクロン大統領は選挙公約を実現するために、２０１８年に食の全般的状況に関する法律（通称エガリム法）を施行し、２０２２年1月までに公共調達における食材購入額の20％以上を認証取得した有機食材とし、それを含めて50％以上を高品質な食材[注6]とすることを義務化した。

公共調達における有機食材の割合は自治体間の格差が大きく、有機食材の調達率が１００％の自治体もあれば、まったく導入していない自治体もあるため、「ナショナル・ミニマム」を法律で保障することにしたのである。世論調査では、学校給食の有機化を望む人は9割にのぼっている（Agence Bio 2019）。なお、同法律の規制対象となる公共調達は、学校給食（公立幼稚園から大学）だけでなく、病院、介護施設、高齢者配食、刑務所等も含まれる（CNRC 2020）。

有機公共調達の推進において自治体と保護者、利用者が最も懸念するのは、食材費の値上がりによる負担増加である。しかし、有機公共調達を実施している自治体によると、食材費を抑制する工夫により食材費は有機導入前と同水準か、むしろ抑制することも可能であるという。その工夫とは、旬の食材を選ぶこと、加工食品をやめて素材から調理すること、ベジタリアン・メニュー[注7]を導入すること、食品ロスを削減することである。

フランスでも有機公共調達では地元産を重視しており、有機農法に転換する地域の農家や有機農業を始める新規就農者の増加につながっている。学校給食で有機食材を食べた子どもは、自宅でも有機食材を買うよう親に求めることが多く、有機市場がさらに拡大する好循環が生まれている。

有機食材の消費拡大に向けて、公共調達率の義務化を

以上の3カ国では、公共調達を梃子として有機農業やアグロエコロジーを推進し、持続可能な農と食のシステムへの移行を進めている。また、公共調達で優先されているのは、有機やアグロエコロジーだけでなく、地元の小規模・家族農業が生産した食材である点も共通している。持続可能な食とは、地元で小規模・家族農業が生産した有機やアグロエコロジーの食であり、手作りの旬の食であり、地域の文化にかなった食であるという共通認識が構築されつつある。また、ブラジルやフランスのように全国レベルで公共調達における有機食材や地元食材の調達率を義務化すれば、農と食のシステムの転換にとって大きな追い風になる。

日本もこうした実践に学び、有機食材の消費拡大を市場の風まかせにするのではなく、公共調達における有機食材調達率を義務化する法律の整備と予算措置を早急に検討し、みどり戦略に位置付けるべきだろう。「学校給食のように受益者が限定される公共調達で有機食材を導入することは納税者が納得しない」という発想を見直し、今こそ、持続可能な農と食のシステムへの移行のための鍵となる公共調達の変革に乗り出すときだ。

（注1）2021年5月に実施したブラジル連邦政府および国連食糧農業機関（FAO）に対するインタビュー調査（オンライン）にもとづく。

（注2）農業生態系に関する科学であり、農法における実践であり、社会運動でもある。詳しくは吉田（2019）、関根（2020ab）を参照。

（注3）公共施設（病院・介護施設等）の給食と低所得者層向けの食料配給の制度である。

（注4）特に断らない限り、2021年5月に実施した有機農業団体および農業分野に詳しいジャーナリストに対するインタビュー調査（オンライン）にもとづく。

（注5）CAP改革では、環境保全対策の厳格化と小規模農業への支援強化が進められており、農場から食卓への戦略（2020年）に合わせて、次期改革期（2023年～）では政策のさらなるグリーン化が進められる。

（注6）高品質な食材とは、地理的表示（GI）、畜産用の赤ラベル、伝統的特産品保証（STG）、高度環境的経営産品（HVE）、持続可能な漁業のエコラベル等の認証を取得した食材である（CNRC 2020）。

（注7）たんぱく源の多様化により、動物性たんぱく質の摂取を減らし、植物性たんぱく質の摂取を増やすことは、健康増進と環境保全に貢献するとして国際的に推奨されている。

【参考文献】

Agence Bio (2019) Guide d'introduction des produits bio en restauration collective. Agence Bio.
CGFP (2016) School Food Across the U.S. May Be Turning Towards Healthy Organic. Center for Good Food Purchasing.
CNRC (2020) Les mesures de la loi EGalim concernant la restauration collective. CNRC.
Foodtank (2021) New Report Finds 100 Percent Organic, Plant-Forward School Meals Produce More Than Just Health Benefit. Foodtank.
Glaser A. & M. Roberts. (2006) "School Lunches Go Organic." Pesticide and You. 26 (1) : 9-10.
関根佳恵（２０２０ａ）『13歳からの食と農―家族農業が世界を変える―』かもがわ出版。
関根佳恵（２０２０ｂ）「持続可能な社会に資する農業経営体とその多面的価値―２０４０年にむけたシナリオ・プランニングの試み―」『農業経済研究』92(３)：２３８-２５２。
吉田太郎（２０１９）「なぜアグロエコロジーは世界から着目されるのか」ＳＦＦＰＪ編『よくわかる国連「家族農業の10年」と「小農の権利宣言」』農文協。

せきね・かえ　愛知学院大学准教授。博士（経済学）。２０１２年に世界食料保障委員会（ＣＦＳ）の専門家ハイレベル・パネルの小規模農業に関する報告書執筆に参加。２０１９年に家族農林漁業プラットフォーム・ジャパン設立に尽力し、現在、同常務理事。

市とＪＡがタイアップした自然栽培の聖地化プロジェクト

——教育システムと独自認証制度が「関係」を変えた

石川県羽咋市・ＪＡはくい　粟木政明

世界農業遺産アクションプランとして出発

２０１１年6月11日、北京で開催されたＦＡＯ（国連食糧農業機関）主催の国際フォーラムで、「能登の里山里海」が、新潟県佐渡市の「トキと共生する佐渡の里山」とともに、国内で初めての世界農業遺産に認定されました。正式名称は「世界重要農業資産システム（ＧＩＡＨＳ）」。各国の多様な農業の存在を積極的に評価し、これを維持・活性化し、次世代に継承する仕組みであり、重要な農法や生物多様性を有する地域を認定する制度です。

２０１０年12月、この世界農業遺産アクションプランとしてはじまったのが、石川県羽咋《はくい》市の行政とＪＡによる自然栽培事業です。自然栽培を学べる農業塾には、県内外から１００名以上の若者たちが集まり、真剣に自然栽培の理論と水稲自然栽培を実習し、学んでいました。同時に、地元の大規模農家をはじめとする数名の有志で水稲自然栽培の生産もはじまりました。

今では私どもＪＡはくいが自然栽培米の自家採種から育苗、乾燥調製にいたるまで専用施設で取り扱い、収穫されたお米は全量買い取り、市では独自助成のほかに農機具のレンタル事業などを手掛け、行政とＪＡでサポートさせていただいています。

また、学校給食では羽咋市の独自予算で自然栽培のお米が年に数回子どもたちに提供され、自然栽培の周知や農家のやりがいづくりに一役買っています。

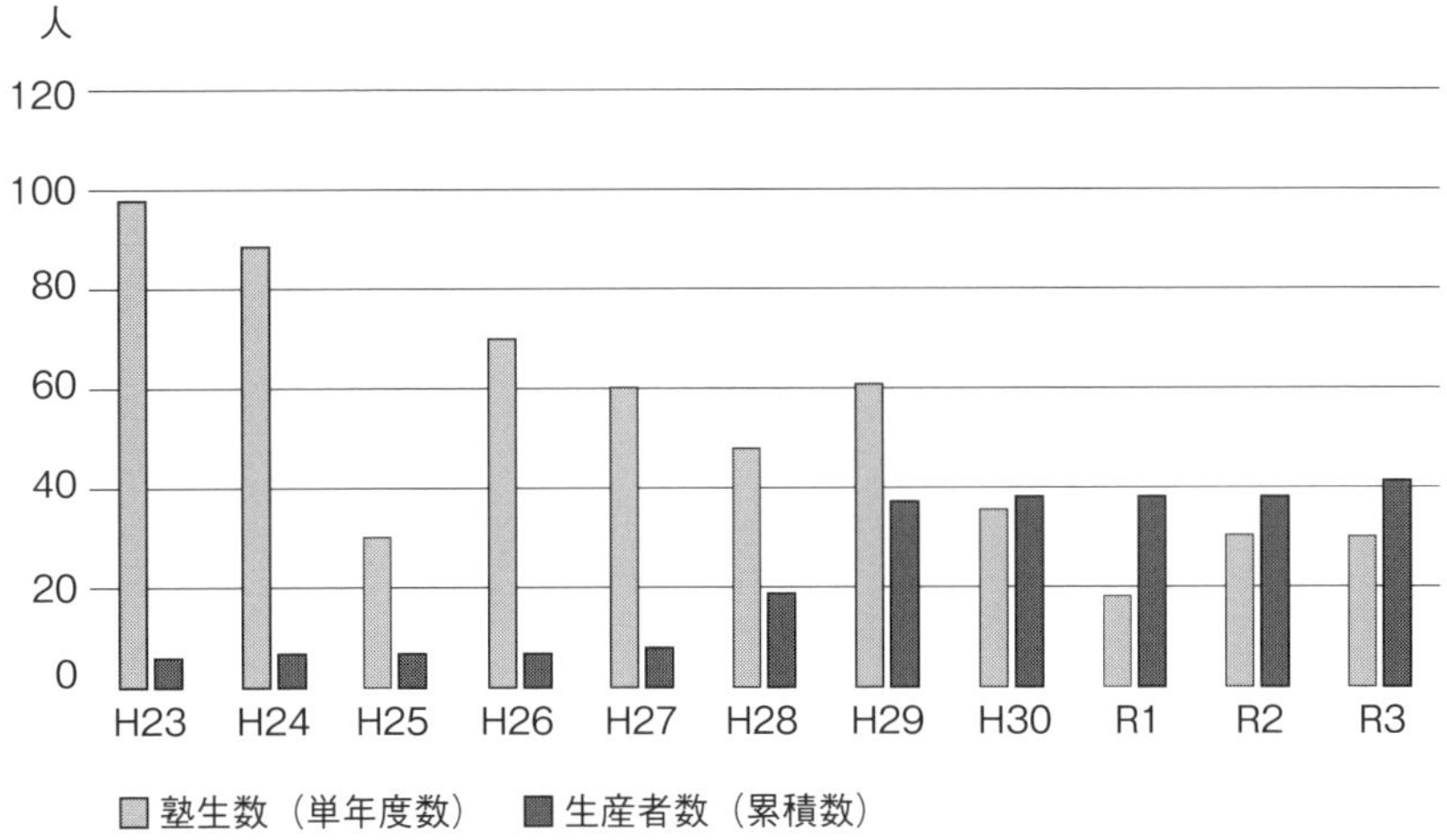

図1　塾生数と生産者数の推移

これまでを振り返ってみると、何もないところから手探りで新たなシステムを創ってきたことが今につながっているのだと感じます。

自然栽培の本質は「自然と人の関係性」

石川県羽咋市で、行政とＪＡにより開催している「のと里山農業塾」には、今でも県内外から「自然栽培」を学ぶため、自然栽培専用農業研修施設に毎年数十名の塾生が集まります。

そこで、私が「自然栽培概論」という講義で塾生さんに必ずお話ししているのは、「自然栽培は肥料と農薬を使わない農業ではありません」ということです。

当然、肥料と農薬を使わないノウハウを学びに、会費を払ってわざわざ集まってこられているわけですから、皆さん目を丸くされます。

でも、私は気にせず話を続けます。

「そこに本質は無いのです」と。

このたび農水省が掲げた「みどりの食料システム戦略」の本質とは何なのでしょうか？

実のところ、脱炭素時代に向けて世界の潮流が大きく変化していくなかで、それに遅れをとらないようにというところなのでしょう。日本もちゃんとやっていますよと世界に対してアッピールしなくてはならない事情があることも理解できます。

でも果たしてそこに本質はあるのでしょうか？

私が考える「自然栽培」を例に考えてみましょう。

「自然栽培」という言葉は辞書には載っていません。ただし「自然」と「栽培」はそれぞれ掲載されています。「自然」とは、「人の手を加えないありのままの状態」、「栽培」とは、「植えて育てること」と書かれてあります。ということは、「自然栽培」とは「人の手を加えずに植えて育てること」になります。

なんだか矛盾していますよね。そもそも農業というのは人が作り出したもので、それを自然のままに行なうこと自体が矛盾なのです。

でもこれを、「自然」と「栽培」というふうに読み解くと、その意味は大きく変わってきます。「自然栽培」とは、自然と人との関係性のことであり、その本質はバランスなのです。

例えば肥料も農薬も使わずに放ったらかしのままで成った野菜にはどんな価値があるのでしょうか？　そもそもそれは農業なのでしょうか？　採集なのでしょうか？

もう一つ例をあげます。大規模効率化を一途に目指した結果、工業的な生産工程の中で、農業の持続可能性が奪われているのだとしたら、そのバランスは見直さなくてもよいのでしょうか？

移住者と地域住民が高め合う教育システム

もちろん関係性を変えるといっても、それは簡単なことではありません。だからこそ教育とシステムが重要になってくるのです。

当市では自然栽培に興味を持った方が学べる入り口としての農業塾を開設しています。ここでは、仲間同士で情報共有をしながら、自然栽培の本質を学びます。1年約15回の講義・実習を経て、農家や購入者、販売者になっていきます。その選択肢のなかから、当市で自然栽培農家になることを選んでいただいた方には、今度は市とJAでサポートをしていきます。充分なサポートとは言いがたいですが、それでも日々話し合いながら、お互いにバランスを取りながら取り組んでいます。

例えば自然栽培がきっかけで当市に移住し農業に取

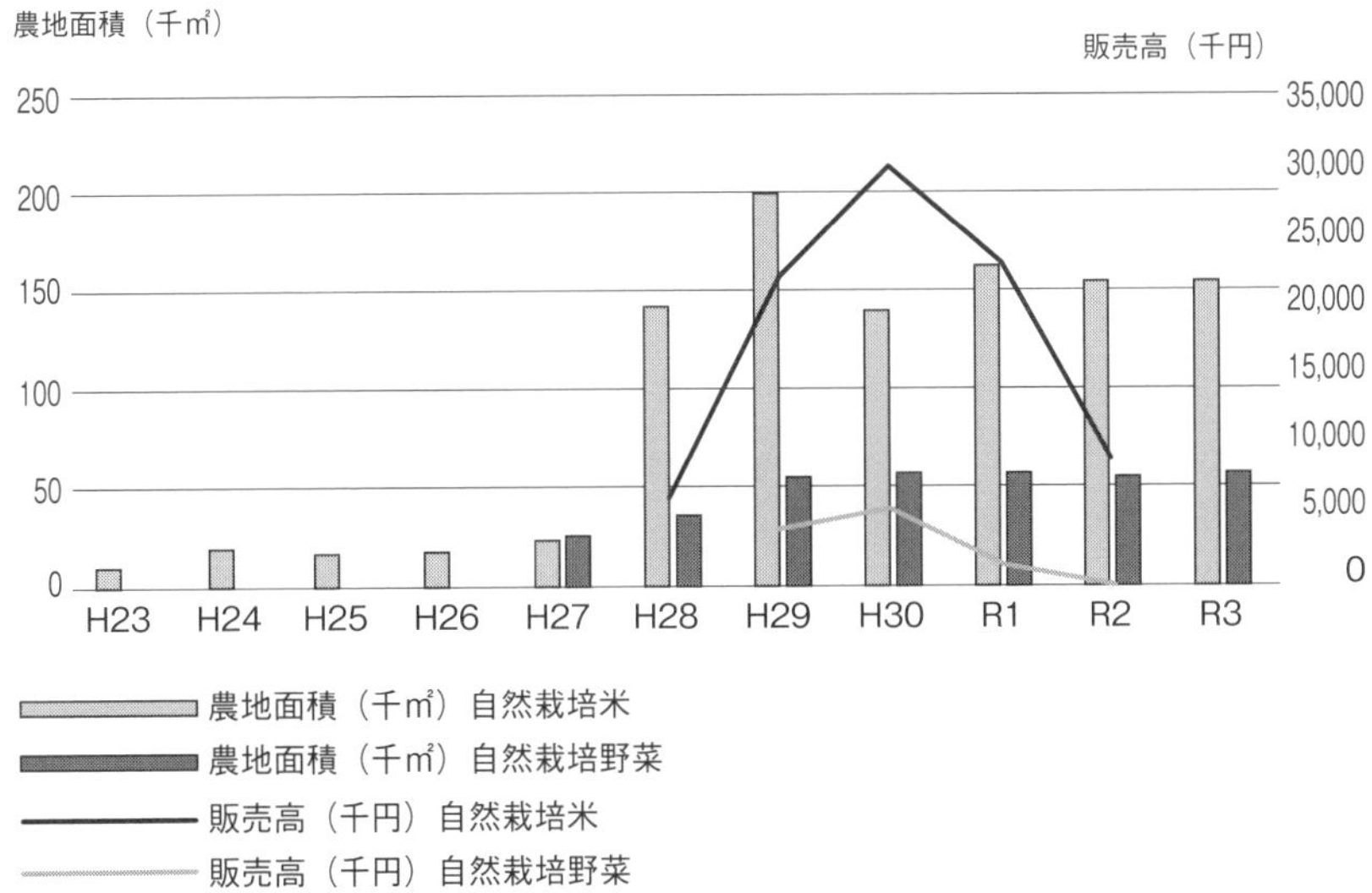

図2　農地面積と販売高の推移

り組んでいくうちに、地域で受け継がれてきた特産農産物への地元農家の思いを知り、自然栽培と両輪で地元の特産農産物の若き担い手となられた農家もいらっしゃいます。

そうして、自然栽培農家たちが苦労を重ねながらも信念を曲げずに取り組んでいくその姿勢を見て、地域の方々は改めて地元の価値を知るなど、逆に教育されていくのだと思います。

自然栽培米の米ぬかが地域活性化をもたらす

次にシステムです。新たなシステムを築き上げることは、関係性を変えることと同様、容易なことではありません。だから、既存のルーティンの中に組み込めるような多面的な価値観を創り出すこともその方法の一つだと思います。

当市では、行政、ＪＡ、農業者、実需者による実行委員会を組織し、それぞれの組織の目標達成に向けて連携した方向性や計画により事業の推進を行なっています。実行委員会では、当市の自然栽培の定義として「はくい式自然栽培認証基準」を定めていますが、その条項の一つに、「生きもの観察を義務付ける」という項目があります。これは農家が自身の農地に対して多面的な価値を自覚することで、認証リスクを担保しようとするものです。

また、ある企業に、JAはくいが全量買い取りしている自然栽培米を精米した際に出る米ぬかを高値で仕入れていただき、その原料で米ぬか美容オイルに商品化していただいています。ちなみに、米ぬかから米油を圧搾機でしぼる工程は、羽咋市内の福祉施設で行われています。

普段使っている美容オイルを、その米ぬか美容オイルに替えるだけで、肌へのリスクを抑えるだけでなく、環境負荷も抑え、さらには地域が活性化するというシステムです。

冒頭にも触れた世界農業遺産もSDGsも、持続可能なシステムを重要視しており、それを可能にするのは他ならぬ人の生業なのだということです。

関係性が支える認証制度に

ここで、関係性が重要視される「自然栽培」という農業のアプローチの必要性が再認識できるのですが、それをどうやって担保し、伝えていくのかということが課題となっています。

有機JAS認証やGAPといった既存の認証システムを活用することは、その最たるものでしょう。

ただ羽咋市では、農家の負担とそのメリットが必ずしも比例しないこともあるとの評価から、現在は、「はくい式自然栽培認証制度」という地域独自認証制度を取り入れたうえで、例えばIFOAM（国際有機農業運動連盟）が提唱しているPGS（参加型保証システム）のような形を目指しています。

関係者、協力者、購入者などが、農家やその地域との関係性によって認証する制度に替えていくというような形のことです。また、そういったアプローチから、公的な第三者認証制度へと段階を進めていくという方法もあるのだと考えます。

一律的な管理体制が組めないことから国の施策としては親和性が低いですが、地域という単位で運営していく段階では、無理なく組み立て得るシステムだと思います。

国内でも広がりつつあるCSA（地域支援型）もそのシステムの一つでしょう。

化学肥料や農薬をやめただけでは

脱炭素時代において、もはや従来の化学肥料や合成農薬のみに頼る農業に限界がきているとの国際的な評価から「みどりの食料システム戦略」は生まれました。でもそれは、単に有機肥料に置き換えられるだけで問題は解決されるものなのでしょうか？　別の農薬に転換するだけで持続的な農業体制が整うのでしょうか？　あるいは、化学肥料や農薬の使用をやめるだけで夢のような世界に到達できるのでしょうか？

「自然栽培」とは、自然と人、人と人との関係性のことであり、その本質はバランスであり、その心は「寄り添う」ことです。これは、実は日本人が最も得意とするところなのです。

地域特有の旧来の地域システムを、新しい時代に適合した持続可能な地域システムに転換していくために、関係者たちがお互いに当事者意識を持ち合い、時にはその立場を超えて大小のトライ&エラーを繰り返していく。そこに地域主体を前提とする国のサポートが入る。

「みどりの食料システム戦略」ならぬ「みどりの地域食料システム戦略」です。

まさにこの十数年、当市が試行錯誤しながらも続けてきた自然栽培による町づくりにこそそのヒントが隠されているのではないかと思えてならないのです。そして、当市が自然栽培に取り組むにあたって、ずっと掲げてきた理念にこそ、目指す方向があるのだと信じています。

自然栽培聖地化に取り組む石川県羽咋市の理念

「未来の子どもたちに豊かな食と環境をつないでいくこと」

あわき・まさあき　JAはくい経済部次長。「奇跡のリンゴ」の木村秋則さんによる自然栽培実践塾（市とJAの共催）から展開した「のと里山農業塾」をJAとして運営。修了生による自然栽培を、米の全量買い取りや部会組織づくりでサポートするなど「自然栽培聖地化プロジェクト」を牽引。

JAが有機栽培部会をつくったら新規就農者が続々と

茨城県石岡市・元JAやさと　柴山　進

茨城県石岡市八郷《やさと》地区（旧八郷町）では、野菜や果物、酪農・養豚・養鶏など少量多品目の複合経営が行なわれてきました。その八郷地区で事業展開しているやさと農業協同組合（以下JAやさと）の有機農業の取組みのはじまりは1997年、東京の生協との産直のかかわりからです。生協産直は1976年にタマゴの産直からスタートしました。まだ生協産直という言葉も一般化していない時代でした。鶏肉産直を経て野菜の産直開始は1986年で、その後果物・豚肉・米・納豆の取引きに拡大してきました。取引先の東都生協は単品の産直ではなく総合的な産直を地域と展開することにより、その地域の農業を支えていこうという「地域総合産直政策」を1988年に打ち出します。市場を通さない生協との産直取組みによってJAは、市場価値ではなく消費者の声を直接聞いて農畜産物を生産するというやり方に転換してきました。

有機農業のはじまり

有機農業開始の直接のきっかけは、1995年に東都生協と協議しセット野菜のグリーンボックスを展開したことです。このグリーンボックスに生協では組合員の利用の登録が週4900箱ありました。1箱に6～7品目の野菜が入り、生産者のメッセージやレシピもセットし届けます。しかし登録数が次のシーズンは3500箱、そして2500箱と減り、こうしたなかで、意識ある消費者が登録してくれているグリーンボックスに、有機の野菜を少しでもセットすることで、組合員の利用を促そうと考えたのです。

私は生産者組織のなかに農法委員会をつくることから始めました。土づくり指導書作成など生産に関する活動もしましたが、多くは私が会議や交流会で得た情報と産直の進め方を生産者と共有することで生産者と職員の考え方の底上げを目指したのです。私は職員ですので、提案はしても決めることは生産者に委ねました。毎月夜開いた農法委員会の構成メンバーは、30代の若い産直の指導的生産者と職員でした。この農法委員会で有機農業の生産部会の設立を提案し、野菜果物の産直協議会で部会設立の決議をしたあと、ＪＡの広報誌で呼びかけ希望する生産者で有機栽培部会を立ち上げました。

１９９７年11月、考え方を共有した農法委員会３名の生産者が中心となり、10名たらずの部員数で有機栽培部会を設立し、有機農業の生産が始まりました。そして有機野菜を少しでもセットすることで、生協のグリーンボックスの登録も次のシーズンには３５００箱まで回復しました。その後生産者数と生産量が増えることで生協の注文書に単品の有機野菜も載るようになり、部会では品目数と販売金額・生産者数も毎年増えていきました。しかし、こうして有機栽培部会が発展できたのは、実は新規参入就農者をＪＡが育て加えていったからなのです。

研修農場ゆめファームのはじまり

私は、産直関係の会議や交流会等で東京に頻繁に行くようになり、都会の目で自分の農村地域を見る目が養われてきました。何もない田舎が実はとても素晴らしく豊かなところであることを、そして、自分のところでは農業者が減っていく一方で、都会には非農家の若い人たちが真剣に農業を志しているという状況を肌で感じていました。そういう人たちの就農支援をＪＡでやってみよう、そう考えたのです。

当時ＪＡには養蚕をやめた組合員から借りている桑畑４・５haがあり、桑の木を伐根し大豆と麦をつくり保全していました。この畑を、都会の農業を志す人を受け入れる新規就農研修農場として開設することを考えました。研修農場の名前は「ゆめファーム」。その仕組みは、①研修は有機農業で行なう。②研修期間は2年間とする。③農地とハウス、農業に必要なトラクタなどの農機具はＪＡが無料で研修生に提供する。④研修生は妻帯者に限る。年齢は39歳まで。⑤ＪＡは研修生に生活費として毎月16万円を給与として支給する（現在は次世帯人材育成投資資金支給にかえています）。⑥軽トラックは自分で用意する、という内容です。夫婦に限定したのは、独身者も就農相談に私のところに来ましたが、やめるのも簡単、しかし結婚をして家族がいて農業を志す人は、相当の決心をして来るだろうと考えたからです。

この研修制度は有機栽培部会を設立した1年後、1999年4月にスタートしました。今まで思い描いていた非農家の人たちへの就農支援を受け入れる有機栽培部会という枠組みが出来上がったことと、都会の考え方の違う人が来ても、この部会への参加なら考え方のギャップもあまりなくやっていけると思ったからです。

この研修に毎年1家族が研修をスタートし、1家族が地域で独立するという形ができ、現在23期生がこの春（2021年）研修をスタートしました。すでに21家族が研修を終えて独立し、全国各地の出身者たちが、ここ八郷地区で就農しています。

有機野菜がＪＡ野菜の3割に

実際の研修は、春スタート時に夏野菜の品目を選定し苗つくりから始まります。1年目は栽培技術の習得のために部会から指導担当生産者がつきます。研修生は毎週木曜日には、指導担当生産者のところに行き作業をしながら学びます。そして、与えられた農場で同じように野菜を栽培します。品目の選定もアドバイスをもらい、自分で決めます。部会全体では30品目ぐらい、そのなかから年間10品目ぐらいをつくる人が多いです。販売も取引先のいくつもの生協の共同購入への販売、業務用への契約販売、スーパーや最終的には出荷された野菜を全部販売するために市場出荷もあります。そのために2001年に有機ＪＡＳ認証制度がスタートした時から、反対はしても否定しないで全員が認証を取得してきました。コンテナ出荷や販売先により段ボール出荷、品目により泥付きもあります。

未合併の小さなＪＡですが、今ではＪＡの野菜販売のうち、有機野菜の販売額が3割を占めるまでになりました。平均年齢が一番若く、活気がある部会になっています。ここでは新規就農者が続々と増えているのです。新規就農者が大勢いて有機農業もJAで取り組んでいるので、有機農業への偏見はありません。むしろ農業者が減っていくなかで新規就農者は好意的に受け止められています。JAの広報誌でもその情報は多く伝えられます。研修生は研修終了後、家と農地を借りて独立します。1ha前後で独立し、その後1・5〜2haぐらいに面積を広げるのが平均的です。独立した研修生たちは、何年かして、半数が自分の家を新築したりしています。「農業で家が建ちました」と報告に来てくれた生産者もいます。彼らは本当に頑張って農業をし、地域の大事な担い手になっているのです。

朝日里山ファームが加わり

私はJAを57歳で退職し、退職前に現役時に行なっていた農業体験等都市農村交流活動を、立場をかえて継続するためにNPO法人アグリやさとを立ち上げました。そして同時期、朝日小学校の廃校跡を体験型観光施設「朝日里山学校」として石岡市がリニューアルし、その管理運営を任され、そこを拠点に活動しています。食体験・農業体験・工芸体験などが事業の柱です。生協組合員と有機栽培部会の生産者が、野菜づくり体験を通して交流する支援もしてきました。

この事業に2017年、新たに石岡市新規就農研修農場「朝日里山ファーム」の管理運営が加わりました。石岡市からNPO法人アグリやさとが委託を受け、朝日里山学校の周りの遊休農地1・4haを開墾整備しました。収穫した野菜の荷造り調整の作業所も建築し、ゆめファームとまったく同じ仕組みの農場として石岡市が開設したのです。これにより研修農場が2つになり、1年に2家族が新規に研修を開始し、2家族が独立していくようになりました。

朝日里山ファームは3期生が独立し、現在4期生が研修2年目に入り、5期生がこの春研修をスタートしました。ゆめファームはJAが運営していますが、ここは石岡市が開設にお金を出しました。NPO法人がパイプハウスや農機具など研修に必要な道具を用意し、JAも農場開設のためNPO法人に一部お金を支援してくれました。その後農地も増やし1・8haになっています。農機具も少しずつ増やし、現在ビニールハウス2棟、ハウス倉庫1棟、トラクタ3台、管理機2台、ハンマーナイフ1台、野菜洗浄機1台など。研修農場も有機JAS認証を取得しています。

朝日里山ファームの仕組みは、①石岡市が農地の小作料や電気水道料金を払い、NPO法人に維持管理のためのお金を拠出し管理運営を委託する。②JA有機栽培部会は研修生に栽培技術と荷造り出荷の研修支援をする。1年間は指導生産者を配置する。また部会員による生活相談の支援など。③NPO法人は農場の管理運営とともに研修生の相談、新しい人の就農相談をする。また農場の通路や土手の草刈りによる農場の保全や空き家調査などをします。三者が協力して新規就農者を育てているのです。

農業による移住者たち

ゆめファームと朝日里山ファーム、この2つの新規就農研修農場により有機栽培部会には現在31名の部会員がいます。その部会員の実に8割強が地元の生産者ではなく新規参入就農者です。毎年2家族増えることから、部会の販売金額も増え続けています。ゆめファーム設置時に今のような姿を目指したわけではありませんが、遊休農地の活用、人口の減少にある地方にあって移住者の増加（家族も加えるとすでに100名以上）、という状況になっています。

子供の人数が減ってくるなかで、若く小さな子供がいる研修生は小学校の児童数が増えるのにも貢献しています。なかには小学校のPTA会長をする人もいます。この研修からの就農者には脱落者が少ないのが特徴ですが、それは、最初から一戸の農家と同じように自分から進んで能動的に行動しなければ、研修が進まない形にしたことも一因です。作物の選定から自分で考えて決めていかなければなりません。もちろん栽培技術の支援の形や独立に向けた農地の確保、女性同士の交流など、相談の支援はここには全部ありますが。

有機農業と新規就農

JAの有機栽培部会には、なかなか新たに加わる地元の生産者はいません。地元の生産者は経営のスタイルが出来上がっているからです。露地栽培が中心の有機農業は、地元の農家にとって転換が難しい分野です。しかし、新規参入者にとってはハードルが低いのです。有機農業は露地栽培のため他の作物よりは先行投資が少ないからです。若い人はお金を投資する準備金をそれほど持っていません。有機農業はトラクタや管理機や軽トラックなど中古でもスタートできます。

さらに新規参入者は、食べ物の安心安全や環境問題などにも関心が高い人も多く、就農相談会では有機農業に関心がある人の比率は高いのです。全国有数の有機農業の生産者が多いここ八郷地区では、JA外の有機農業生産者も含めると、全体では4分の3以上は新規参入者が占めています。有機農業の取組みは野菜では、この地区と同じように全国的にも4分の3は新規参入生産者が占めているのではないかと思われます。

国が有機農業を増やすとすれば、新規参入者をどう位置づけるかがポイントと考えます。国がみどり戦略により有機の面積を100万haにしようとするならば、既存の生産者の有機農業への転換が必要なのはもちろんのこと、JAやさとが取り組んできたように、全国のJAが有機農業に取り組まなければ目標は達成できません。国が進めるみどり戦略を受け止め、JA内で有機農業に関心のある生産者をつくることからはじめなければ広がりは出てきません。

有機農業で地域を元気に

有機農業の推進は生産者だけの取組みではありません。取引先の一つである、よつ葉生協の会長は「私たちが組合員に有機野菜を届けられるのは、JAやさとがあるからです」といつも交流の中で話してくれます。有機農産物を買い支え生産者を応援してくれる消費者があってこそ有機農業経営は成り立つのです。もちろん産直等直接の販売ばかりではなく、一般流通でも消費者がその価値を納得して買い求める社会に転換していかなければならないと思います。

新たな国の政策により、国民の有機農業への支持と理解、有機農産物を買い求めるという行動を国が進めていかなければ有機農業は拡大していかないでしょう。もう一つには、地方への移住を進め、過疎化・衰退していく日本の農村・地域を、環境も意識し、もっと大切にしていかなければとも思います。有機農業は農産物の売り買いの話としてではなく、特に地方の地域づくりと関係性を持たせ、地方を元気にしていく方策と位置づけることも大切なのではないでしょうか。

しばやま・すすむ　NPO法人アグリやさと代表。JAやさと職員として、生協産直をきっかけに、有機栽培部会の立ち上げと新規就農者の研修体制づくりに尽力。現在は生協組合員や首都圏の子供たちの農業体験の受け入れを担う。

政策に横串を刺し、地域社会という器に盛り直す実践モデルの積み上げを

（生活クラブ事業連合生活協同組合連合会会長理事・生活クラブ共済事業連合生活協同組合連合会会長理事）
伊藤由理子

生活クラブ生協は、21都道府県に33の単位生協があり、総計約41万人の組合員で食品を中心とする共同購入事業を展開している。生活クラブの扱う食品の特徴は、可能な限り国内産であること、加工食品を含めNON-GMを徹底していることだ。

これには「食の安全性」だけではない理由がある。それは「食料主権」の行使、そして選択して消費することで食料生産の将来にわたる持続性をつくり続けることだ。

その主体は生産者と消費者であり、両者をつなぐ生活クラブ生協である。第一次産品の産地政策にも、この考え方を貫いている。

たとえば、生産者は特定の個人ではなく、地域で「面」として営農活動をしている法人やグループとの提携を原則としている。中山間地の厳しい条件の中で、生活丸ごとの地域機能をつくり出しながら生産している産地、多くの新規就農者を受け入れ育てている産地もある。また、加工食品については主要な原材料は提携生産者間で調達するしくみができている。このことが国産比率の高さや徹底したGM原料の排除を可能にしている背景でもある。

こうした実践は、農業をはじめとする第一次産品の生産は、産地の環境や地域社会の豊かさによって維持され発展する、その豊かさは「食べる側」である消費地の市民との協同関係において再生産されるという認識にもとづいている。深刻化する気候変動に対しても国内の有機的な農業の振興は不可欠であり、農業が都市部の消費者にとって他人事であるかぎり「安心・安全な食」も確保できないのだ。

にもかかわらず、日本の政治は長きにわたって新自

由主義グローバル経済一辺倒であり、農政もまた然りであった。大規模化、市場経済の導入、輸出産業化を求められ続けてきた。こうした流れは人びとから食料の主権を奪い、地域社会の崩壊を招くことになる。仮に大規模農業で事業者や行政が潤ったとしても、多様な生物が共生する土や森林、それに守られる水源や景観、世代を超えた人びとの支え合い、他地域住民との心豊かな交流などがない地域に未来はあるだろうか。日本の地形の特徴である中山間地農業や四季の多様性は、経済効率重視の農政では採算性の悪いものになり、地域まるごと消滅にさらされる。

ところが最近になって、政府政策について気になることが重なっている。厚労省「地域共生社会」、「労働者協同組合法」、環境省「ローカルSDGs推進策」、農水省「食料・農業・農村基本計画」、そして「みどりの食料システム戦略」である。それぞれの政策にはまだまだ新自由主義経済が色濃く漂ってはいるが、CO_2の実質排出削減に向けた環境共生を柱に「地域循環」「地域としての農村の持続性」「分野を超えた協働」「再生可能エネルギーへのシフト」「化学農薬・化学肥料の削減」など、官邸主導型政治からの方向転換が浮き出ているように読めるのだ。調べてみると識者の中にもそのような見解があるようだ。

もちろん有機農業は本戦略にあるような先端技術の駆使だけで成り立つものではなく、生物多様性に依って立つ生態系の維持と人と自然環境が共生するための社会合意やしくみが欠かせない。とはいえ、脱農薬・脱化学肥料を農政の目標とする方向はポストコロナの社会経済のつくり直しには欠かせない視点だ。まずは志を表に出した政府官僚の動きを評価し、実体化につなげる施策を求めることが必要な時ではないか。

日本有機農業研究会の提言にもあるとおり、有機農業25％目標の生産をだれが担うのか、どこで行なうのか。この大問題は農水省や農業者だけの課題ではない。地域社会の課題であり、都市消費者の課題でもある。おおぜいの多様な人びとが日本の第一次産業を自分事としてとらえ、できることで参画する道筋をつけるためには、省庁ごとの新政策に横串を刺し、地域社会という器に盛り直す市民側の実践モデルの積み上げが必要だろう。生活クラブ連合会も、次年度からの中期計画に盛り込み、生産者と取り組みをすすめる予定だ。

生産と消費のつながりこそ持続可能性に不可欠

（パルシステム生活協同組合連合会代表理事理事長）大信政一

パルシステムグループは創立以来、半世紀にわたって食（消費）と農（生産）をつなぐ「産直」を柱に活動を続けてきた。「食べる」側と「作る」側が相互理解を深めてきた私たちの歴史は、食品の安全性確保はもとより環境保全、地域社会の維持・発展など、あるべき持続可能な社会のあり方を模索し続けた知見の蓄積でもある。

生産者と消費者（組合員）の交流は、いまも盛んに行なわれている。新型コロナウイルス感染拡大前は、毎年2万人近い組合員が全国の産地を訪れ、農業体験や交流会などを通じて関係性を深めてきた。昨年からは動画通信を活用したオンライン交流会の試みを開始し、新たな交流手段として手ごたえを感じている。

なかでも研修を受けた組合員が「監査人」として産地を訪問し生産状況を把握する「公開確認会」は、ほかにない制度といえよう。第三者認証のように不備や不足を点検するのではなく、生産や周辺環境の実態と苦労を知り、それぞれの事情を把握したうえで消費者、生産者双方の立場で意見を交わしていく。

このように消費者と生産者が本気で向き合ってきた議論の積み重ねが、強固な信頼関係を醸成してきた。東日本大震災やこのたびのコロナ禍による買い物パニックにおいて比較的安定して商品を供給できたことも、こうした結びつきが大きく寄与している。

これらの活動をさらに進化・発展させるため、パルシステムは2020年に「パルシステム2030ビジョン」を策定した。「『たべる』『つくる』『ささえあう』ともにいきる地域づくり」をテーマに、一人ひとりの行動から持続可能な地域社会をつくり、平和な社会の実現を目指している。農業・産直分野では、交流をさらに促進する一方、製造業はじめさまざまなプレーヤーとの連携を深め、地域の経済や社会、環境に貢献する仕組みの構築も視野に入れる。生産者と消費者が同じ生活者の視点でつながり、一人ひとりの「購入」「コミュニケーション」といった行動によるボトムアップで、地域の持続可能性を高めようとしている。

地球規模の混乱を招いた新型コロナウイルスは、社会全体のみならず食と農の関係のあり方を考える機会となった。世界的な感染拡大の当初、感染防止策により貿易が一時不全状態に陥り機械部品の調達が停滞したことで、多くの製造業が打撃を受けた。ワクチンの供給をみても、開発・製造の能力が整った国々から接種が進み、日本をはじめそれ以外の国民への接種は後回しになっている。

大規模災害が毎年のように続く近年の地球環境を鑑みれば、ここに挙げた機械部品やワクチンが、食料に代わる事態の到来は想像にかたくない。温暖化などの要因で災害リスクが高まるなか、命を支える食料をいかに確保し備えるべきか――。食料自給率をはじめとする「食料安全保障」の問題は、これまでにない現実味をもって私たちに突き付けられている。

こうした状況下において、このたび政府がまとめた「みどりの食料システム戦略」は、持続可能な農業と食料生産を目指すという指向性において、評価できる点もある。特に有機農産物の消費拡大や再生可能エネルギーをはじめとする多面的な農地の活用などは、これまで私たちが推し進めてきた活動と方向性が近い。

ただその一方、ゲノム編集やＲＮＡ農薬といった食品としての安全性や生態系への影響が定かといえない技術の活用も掲げられている。経済合理性ばかりを追求すれば、周辺環境への影響が配慮されず農地の生産性のみを重視する政策へと変容するだろう。そうなれば、生産者に高額な投資を強い、かつ見返りの少ない生産構造になる危険性もはらむ。農村や農地のもつ多面的機能の維持や多様な担い手の確保、そして地域の協同性が失われていく可能性も否定できない。

農業政策は、国土のあり方を示すものでもある。私たちは、半世紀以上かけて生産と消費のつながりこそが農村と都市それぞれの持続可能性を高めるうえで重要であるという確信を深めてきた。政府には「みどりの食料システム戦略」に基づく透明性ある議論を前提とし、実効性ある具体策を求めたい。

みどり戦略の実効性確保に必要なのは何か

（オイシックス・ラ・大地株式会社代表取締役会長）藤田和芳

２０２１年２月、農水省は「みどりの食料システム戦略」を公表した。２０５０年までに農地の25％、１００万haを有機農業化するとともに、農薬を50％低減、化学肥料も30％低減するという意欲的な内容だった。多くの有機農業関係者の関心を集めたのも当然である。

さて、「２０５０年までの農地の25％、１００万haを有機農業化する」という目標だが、問題はこの内容をいかに具体的に実行するかであろう。現在、日本で有機農業が行なわれている農地は、ＪＡＳ有機認証を受けていない農地を含めても全体のわずか０・５％に過ぎないのだ。簡単に実現できる目標ではない。

有機農業に取り組む生産者のうち約３割は有機栽培、特別栽培などの面積拡大の意向を持っているといわれる。また、慣行栽培の農家のうち約半数は有機農業に取り組みたいと思っているという。意欲はあるのだ。問題は、有機農業に取り組むことの労力と所得が見合わないことにある。

「戦略」では、先端技術を活用したスマート農業を打ち出している。確かに、ＡＩを使った作物の管理やロボット、ドローンなどを活用した農業が普及すれば省力化、人手の確保、負担の軽減につながるであろう。農家の高齢化対策、新規就農者の確保、栽培技術の継承などにも効力を発揮するに違いない。「戦略」の実行性に期待したい。

一方、農家の所得向上であるが、これは有機農業か慣行栽培かを問わず、喫緊の課題である。グローバリズムの波に押され、海外から安い輸入農産物が洪水のように入ってくる。価格競争に耐えられない農家は農業をやめるか、苦しい農業経営を続けるかを迫られている。所詮、自動車などの工業製品と自然環境に左右される農業を同列に扱い競争させること自体が無理なのだ。

ＥＵでは、農業保護を目的として農家に対して戸別所得補償制度を導入している。スイス、フランス、英国などは農業所得の９割以上を公的資金で補助している。かつて日本でも２００９年の民主党政権のとき、戸別所得補償制度が導入されたことがあった。だが、自民党に選挙で負けると戸別所得補償制度は無残にも捨て去られた。「みどり戦略」を実のあるものにするためには、改めて戸別所得補償制度を復活させて、意欲ある農家を農業従事者としてつなぎとめることが必要であろう。

日本の食料自給率は37％と、先進国のなかでは最低レベルである。ひとたび世界的な食糧危機が起これば、日本人の大半は飢えてしまうことになる。農家の生産意欲を持続させ、生産基盤としての農地を次世代まで継続させる政策が必要だが、「戦略」にはこの点についての具体的提案が不足している。

また、「戦略」では有機農業に力を入れると宣言している。そのためには、私は韓国の有機農業政策に学ぶことを提案したい。韓国の小中学校の学校給食では、すべて有機農法の野菜が使われている。学校給食では一般の野菜よりも30％も高く購入している。学校給食という安定した出荷先は、韓国の有機農家の販売面での不安をなくしてくれている。日本でも、韓国と同じように学校給食の食材を全面的に有機農産物にすれば、日本の有機農業化は一気に進むに違いない。農水省だけでは無理なら、文部科学省など他省庁と連携して推し進めれば可能である。

最後に、化学農薬の使用軽減に向けた技術革新という項で、「ＲＮＡ農薬の開発」が謳われていることには懸念がある。まだ安全性の確立していないＲＮＡ農薬や遺伝子組み換え、ゲノム編集などの技術は安易に「戦略」に取り込まないでいただきたい。化学農薬でないからといって、遺伝子操作の一種であるＲＮＡ農薬が有機栽培に認められることになったら、有機農業の本質が損なわれてしまうからだ。

いずれにしても、この「みどり戦略」が日本の食料自給率アップに貢献し、日本に有機農業が定着する大きなきっかけになることを期待したい。そのことを多くの国民が望んでいる。

いま、こんな本も読んでみたい

編集部

ここでは有機農業にかかわる古典的な名著をご紹介したい。

いずれも発行は日本有機農業研究会、発売は農文協である。

エアハルト・ヘニッヒ著・中村英司訳

『生きている土壌――腐植と熟土の生成と働き』

ヘニッヒは1906年生まれのドイツの農業指導者で、有機農業者の組織化と技術の体系化に尽力した人。農業近代化のなかで化学肥料の使用が増加するとともに、有機物施用への関心は薄れていった。そのなかで、ヘニッヒは「改めて腐植の意義を確認し、有機物施用による地力の培養、持続的な農業生産の維持を、土壌の作土のみならず、下層土、心土を含め植物の根の到達する深い部分まで考慮に入れて、全体的・統一的な構想を展開」している（熊澤喜久雄氏による）。

近年、植物の根との根圏微生物との共生的関係が明らかにされてきたが、本書はその先駆となっており、さらに人間の腸内細菌と植物の根圏微生物との類似性も指摘しており、人間の健康維持と植物の健全生育をつなげてみる視点も提供している。

アルバート・ハワード著・横井利直ほか訳

『ハワードの有機農業』（上・下）

ハワードは1878年イギリス生まれ。インドを中心に活動した菌類研究者。本書の原題は〝Farming and Gardening for Health or Disease〟。ハワードの著作では『農業聖典』（日本語訳はコモンズ刊）も著名だが、本書はより農業技術面について詳述している。

腐植と菌根菌の働きに着目、土壌の肥沃度の回復のためには良質の堆厩肥の施用が必要であることを説き、実践に基づいて、堆厩肥の製法や改良法についても具体的に解説している。

日本有機農業研究会編

『有機農業ハンドブック――土づくりから食べ方まで』

1971年の日本有機農業研究会設立以来、各地の実践者が蓄積してきた有機農業の技術を集大成したハンドブック。有機農業の基本技術として、土づくりと肥料、病気や害虫への対応、雑草とのつき合い方、種苗と品種の選び方を解説。穀物、野菜、果樹、畜産の作目別の栽培・飼養技術のほか、食を支える保存と加工の技術や自然エネルギーの自給、手づくりの遊びについても多くのページを割いている。

現代の古典であり、有機農業を目指す人の実用的教科書である。

農家の眼力

——わが家・わがむらから「みどり戦略」をみると

農業に工業のような技術革新はできない

千葉県佐倉市　林　重孝

まず自給率50%の目標を

昔のことわざに「大工を殺すには刃物はいらぬ。雨の三日も降ればよい」というのがある。昔の大工は日雇いだから、日銭が入らないと生活がままならないということである。

現在、日本の食料自給率は38%（２０１９年度）しかない。多くの国民がタイ米を食べさせられた１９９３年（平成５年）の大冷害のときの37%に次ぐ水準である。「日本を殺すには軍隊いらぬ。食料の輸出を止めればいい」のだ。いくら防衛費を増額しても、食料が輸入されなければ日本は滅ぶ。先進国で、また、人口５０００万人以上の国でこれほど食料自給率の低い国家はない。

私は、農業委員として耕作放棄地の確認や新たな耕作者を探したりしているが、考えてみると日本の農政の失敗の後始末をさせられているにすぎない。自給率が高くて耕作放棄地があるならまだしも、これだけ低

はやし・しげのり
1954年千葉県生まれ。2.4haの畑で野菜を中心に小麦、大麦、ダイズ、アズキなどの穀類、クリ、キウイフルーツ、ギンナンの果樹など合計80品目を栽培。ニワトリ150羽を平飼い。日本有機農業研究会副理事長。

いわけだから。「みどりの食料システム戦略」には、まず自給率50％の目標を入れるべきであろう。

イノベーションで実現するか?

２０２０年4月、第3次の有機農業の推進に関する基本的な方針が公布され、国内における有機農業の取り組み面積を、２０１８年の約2万３７００ha（耕地面積の約０・５％）から２０３０年には6万３０００haと倍増以上の数値目標を掲げた。今回、みどり戦略で２０５０年に有機農業の面積を全耕地面積の25％まで増やすとなると、30年から50年にさらに急増させることになる。とても可能とは思えない。農水省はイノベーション（技術革新）によってこれを成り立たせようとしているようだが、とても成り立つとは思えない。

日本の米づくりは縄文時代晩期に始まっていたといわれ、３０００年の歴史があることになる。この間にどのくらいイノベーションが進んで、労働生産性、土地生産性が増加したか?　縄文時代はすべて手作業。今はトラクタで耕し、田植え機で植え、コンバインで刈り取る。労働生産性で考えると３０００年で数百倍ほどだ。だが土地生産性からみると、縄文時代の収量は10ａ30kg、現在は６００kgとしても20倍にすぎない。

では、工業製品はどうか。今、誰もが持つ携帯電話は、35年ほど前にショルダー型が開発され、通話しかできなかったものが、手のひらに収まるほどの小型化が進み、電話だけでなく、メール、インターネット、地図閲覧、ゲーム、テレビ、ラジオ、写真・動画撮影、スケジュール管理、通訳、金の支払いなど、機能は多種多様になり、イノベーションが急激に進んだ。携帯電話が最初に開発されたとき、1台つくるのにかなりの時間を要したろうが、今は流れ作業で数百万倍だろうか。

農業と工業のイノベーションに格段の差があることが明白だ。工業製品と比べると生命体を扱う農業では本質的にイノベーションは進みにくい。携帯の製造工程は最初の基板づくりから液晶画面の取り付けまで同時並列的に行なわれても、田植えをしている隣でイネ刈りはできないのだ。

「みどり戦略」に向けて農家が磨くべきこと

茨城県龍ケ崎市　横田修一

方向性は賛成、数値目標には疑問

　農水省がみどり戦略を策定するにあたって2021年2月に開催した、水田作生産者の意見交換会に参加しました。出席したのは、僕も含めて5軒の稲作農家・法人です。5人全員が「こういう方向性は大事、ぜひやるべき」という意見でした。ただ、そのとき説明されたのはEUの数値目標（Farm to Fork 戦略）でしたが、それを国内でやるのは無理だと、これも全員が同じ考えでした。

　農業でもCO_2削減の取り組みは重要だと思います。だいたい、僕らは米づくりをするうえですでに気候変動の影響を受けています。だから、有機農業を増やしてCO_2を削減するという方向性はいいんだけれど、耕地面積の4分の1、100万haを有機農業にできるとは思えません。コストをかけてつくった米を、その分高く買ってくれるという人はそんなにいませんから。うちも有機JASの認証を受けた田んぼが3haほどあ

よこた・しゅういち
1976年茨城県生まれ。有限会社横田農場 代表取締役。イネの作付面積164ha、10品種を社長の横田さん含め9人で栽培。

りますが、20年くらい続けてきて、その売れ行きがどんどん伸びるという環境にはないと思っています。

一部のよくわかっている消費者は別として、多くの人は「何かいいものを食べたい」「だけど高いのは買えないわ」「有機って書いてあれば安心でしょう」みたいなのが現状ではないでしょうか。有機農業をやるのにどれくらい大変なのか、苦労するのか、そのへんを理解、というか、まず興味を持つ人が大半を占めるくらいに増えないと普及は難しいと思います。

鶏糞と牛糞堆肥の差

いま高齢化でやめていく農家が次々出ています。これで、はたして2050年に400万haの耕地を維持できるのかどうか。やめる農家から田んぼを引き受けてきた僕らが気候変動に対抗し、これからも事業として農業を成り立たせていくには、今よりさらに生産性を上げなくてはなりません。そのときに、有機にするんだからそれは使っちゃダメ、あれもダメみたいな、手足を縛られるような制約が増えるのは絶対困ります。

うちの田んぼの元肥はほぼ鶏糞です（穂肥は尿素）。耕作面積164haのうち、コーティング肥料を使って乾田直播をするところを除いた150haはすべて鶏糞。だけど、それは環境に優しくしようと選んだわけではなくて安いからなんです。経営にプラスにならなければやれません。

じつは、市内の酪農家からもらってくる牛糞堆肥も年に400tほど使ってきたんですが、これは今年からやめました。いくつか理由はありますが、いちばんの理由はまくのがたいへんだからです。

古いマニュアスプレッダを借りて続けてきましたが、いよいよ買い換えが必要になってきた。しかしうちは湿田が多いので、マニュアスプレッダがはまって動けなくなることがあるんです。それに市内とはいえ、4tのダンプで酪農家との間を100往復ですよ。道路に落とすわけにはいかないので、いちいちカバーを掛けたりする必要があり、大変な時間と労力がかかります。それで、鶏糞だけでいいじゃん、ということに決めました。

それに、農業でCO_2削減＝有機栽培は本当なんでしょうか？　化学肥料は原料のほとんどを海外から持ってこなければならないわけだから、運ぶのにCO_2をたくさん排出しているのは確かです。でも、某メーカー

横田農場の田植え。隣の田では代かきの作業中

の有名な有機肥料のように、原料が輸入では同じことではないですか。国内の家畜糞尿などを利用しやすくする技術開発なり流通の仕組みなりを実現していかないと、おかしなことになると思います。

観察・判断がますます重要に

農薬は、考えなしに使ったり予防的に使うとかをやめればけっこう減らせるんですよね。茨城県の特別栽培（慣行栽培と比べて農薬の使用成分回数、化学肥料のチッソ成分が50％以下）の認証を受けた横田農場の田は約１００haですが、実際は認証を受けていないところも基準内に収まっています。特別栽培向けに成分数を減らした農薬とか売ってますよね。でも、そんな製品を使うのは意味がない。農家が自分で考える必要がなくなる技術には疑問があります。

うちでは、田植えする苗に殺虫剤・殺菌剤を持たせる箱施用剤は使いません。イネミズゾウムシやイネドロオイムシの被害でイネがなくなる場所は決まっていますから。また最近は、米の品質に影響する斑点米カメムシだけでなく、モミの中身を吸い尽くしてしまうイネカメムシが増えていますが、これを防除するかどうか決める目安は、網を使ってのすくい取り調査です。

去年、ウンカが大発生した広島県の農業改良普及員の知人に「観察が大事」みたいな話をしたら、農家から「うちの田んぼにウンカがいるかいないか見てくれ」といわれたっていうんです。自分たちがしてきた指導を反省していました。

「スマート農業」全部を否定するつもりはありませんが、いま話題になっている技術には、農家をますます考えない状態にしてしまうのではないかという懸念があります。そもそもドローンでピンポイント防除みたいなものが現実的かどうか？　米のような作物は、そこにいる虫を殺したって、全体の密度を下げないと効果は上がらない。しかも実際は、ドローンが見つけるのは虫じゃなくて被害跡ですからね。

僕は、作業は自動化してもいいが、作業の本質にある作物を育てるための観察や判断を自動化してはダメだと思います。そこは農家自身が技術を磨いていかなければならないところです。

それはみどり戦略とも関係します。もともと農業は、工業のように規格品を次々つくれるわけではない。しかも有機栽培の技術のようにあいまいで不確実で再現性の低い技術を使っていくとしたら、より詳しく観察したり、そこから判断したりすることが求められてくると思うんです。そういう意味でもみどり戦略を歓迎しますよ。自分も含めて、農家がもっと勉強して、もっと成長しないといけないわけですから。

（談・文責＝編集部）

SDGs実現には技術と経営、地域システムの融合が必要だ
――施設園芸でゼロカーボンを目指して

滋賀県近江八幡市　松村　務

天ぷら油でトマトを作る地域資源循環サイクル

琵琶湖の東部、滋賀県近江八幡市の田園地帯に、私たち浅小井農園の大型ハウス（96m×40m×軒高4m×2棟、約8000㎡）がある。ヤシガラの隔離ベンチにハイワイヤー誘引で、ミディトマトを周年栽培する。「朝恋トマト」のブランド名で関東から九州まで都市部を中心としたスーパー、直売所に出荷している。

私たちの農園では、家庭から出た使用済み天ぷら油を、ハウス内の暖房用燃料にすることで、環境にやさしい農業に取り組んでいる。農業分野では全国的にも少なく、地域・精製業者・農園それぞれにメリットを生みながら循環型農業を模索している。

導入のきっかけは、重油価格が100円／ℓ近くに高騰したことから燃料経費の削減が目的であった。14年前に建設したハウスの暖房は、重油焚き温風加温機（12万5000kcal／h×4台）で、今も使用している

まつむら・つとむ
1953年生まれ。大学で土木工学を学び、栗東市役所で建築や都市計画に携わる。市職員を早期退職し、新規就農で県内最大規模の大型ハウスでの施設園芸に取り組む。現在、浅小井農園株式会社取締役会長。

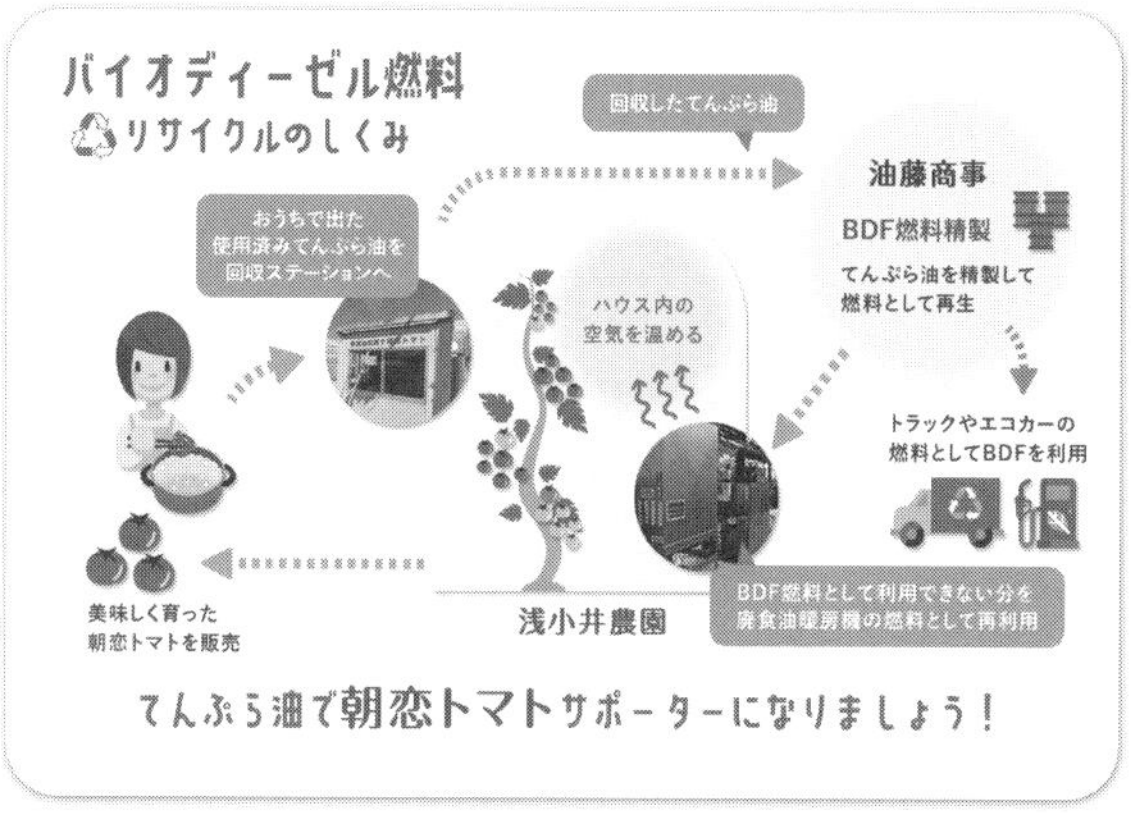

図　バイオディーゼル（BDF）燃料リサイクルのしくみ

浅小井農園ホームページより

が、重油より安価な廃食油が使える温風加温機（発熱量8万kcal／h×2台）を2014年に導入した。

廃食油は、滋賀県下で唯一、バイオディーゼル（BDF）燃料の精製・販売をする油藤商事（株）から調達している。使用済み天ぷら油からBDF燃料を精製する過程で派生する粗BDF燃料を暖房に使用する。

写真1　天ぷら油回収ステーション

重油暖房機に比べて機器のメンテナンスに手間はかかるが単価が安いため、暖房費用の削減につながり、その分、積極的に早朝加温や除湿に使うことでハウス内環境の改善ができ、収量・品質とも向上させることになる。

廃食油暖房機の導入をきっかけに、農園敷地の一角に天ぷら油回収ステーションを設置した。トマトを買いに来るお客様や、料理屋など、天ぷら油の処理に困っていた人たちが、クチコミでどんどん持ち込んでくれるようになり、油藤商事が回収に来てくれる。農園にとっては、新たな顧客開拓ができ、地域の人たちにとっては、ゴミとして捨てていた廃食油がトマトの栽培に役立ってくれるという満足感を持ってもらえる。

油藤商事にとっては、新たな回収ステーションができ、資源循環システムのエリア拡大ができた。まさに近江商人発祥の地近江八幡市で、近江商人の「三方よし」に「地球よし」が加わり、地域資源循環サイクルができつつある。

写真２　ハウス内に導入した廃食油暖房機

GAP×SDGs×持続可能な法人経営

54歳で地方公務員を辞め、新規就農した私は、ＧＡＰによる農場管理がこれからの農業には必要だと判断し、就農した２００９年に滋賀県では初のＪＧＡＰ認証農場となった。ＪＧＡＰが求める基準をクリアしていくことで、農場管理手順の見える化、食品安全におけるリスク評価、地球温暖化への対策、廃棄物の管理や資源の有効活用、作業者の労働安全対策などが徐々にできるようになった。

ＧＡＰによる農場管理をＳＤＧｓの視点から見たところ、①重油からバイオマス燃料への転換、②液体肥料の循環再利用、③減農薬と農薬洗浄水の地下浸透、④太陽光発電とＬＥＤ照明、⑤ＩＣＴによる統合環境制御、⑥植物残渣の土中埋設でCO_2の土中固定など、ゼロカーボンに向けた農業を実践していたことに気づいた。そこで、２０２０年9月に浅小井農園はＳＤＧｓ宣言し、情報提供することに努めている。

また、地球環境にやさしい農業をしていることや、朝恋トマトのブランド化を目指すことで、農園の魅力や価値を評価してもらうことができ、第三者による事業承継もできた。ＳＤＧｓ・ゼロカーボンを目指す「みどり戦略」に求められるのは、単なる技術革新ではなく、このような技術と経営、社会システムとの融合ではなかろうか。

持続可能な農業への挑戦はこれからも続いていく。

国はとんでもないことを言い出した

山口県田布施町　木村節郎

カラクリが見えた

僕が自分（農業者）の体のことを考えて、化学肥料・農薬を使わず、環境にやさしい生活が望ましいと本気で取り組み始めて三十数年。まずアイガモ稲作を始めた。その後、ジャンボタニシの生息域が広がり、借地で草を生やせないために、罪の意識や後ろめたさを持ちつつ仕方なく使っていた除草剤と縁が切れた。

現在、僕の知り合いや仲間が稲作をしているジャンボタニシの常住地帯は、ほぼ30％が有機的栽培方法で十分やれている。昨年、西日本でウンカの被害が大発生したなか、農薬を使わないこれらの田んぼには見事な黄金色が連なっていた。生物多様性のなせる技！　クモやカエルのおかげか⁉　自然はすごいと感じた年でした。

昨年は、有機農業の推進に関する基本的な方針の改定の年でした。それにあたって地元・山口県の担当者といろいろ話をしている最中、登録品種について農家

きむら・せつお
1957年山口県生まれ。約6haの水田で化学肥料も化学農薬も使わない米づくり。有機農業を志す地域の新規就農者の世話も焼く。
写真＝依田賢吾

の自家増殖を「許諾性」にするという種苗法改定案が成立。政府が新型コロナ騒ぎを大いにやらかしている間のことです。そしたら今度は、有機農業を２０５０年に全耕作面積の25％・１００万haに増やすという。

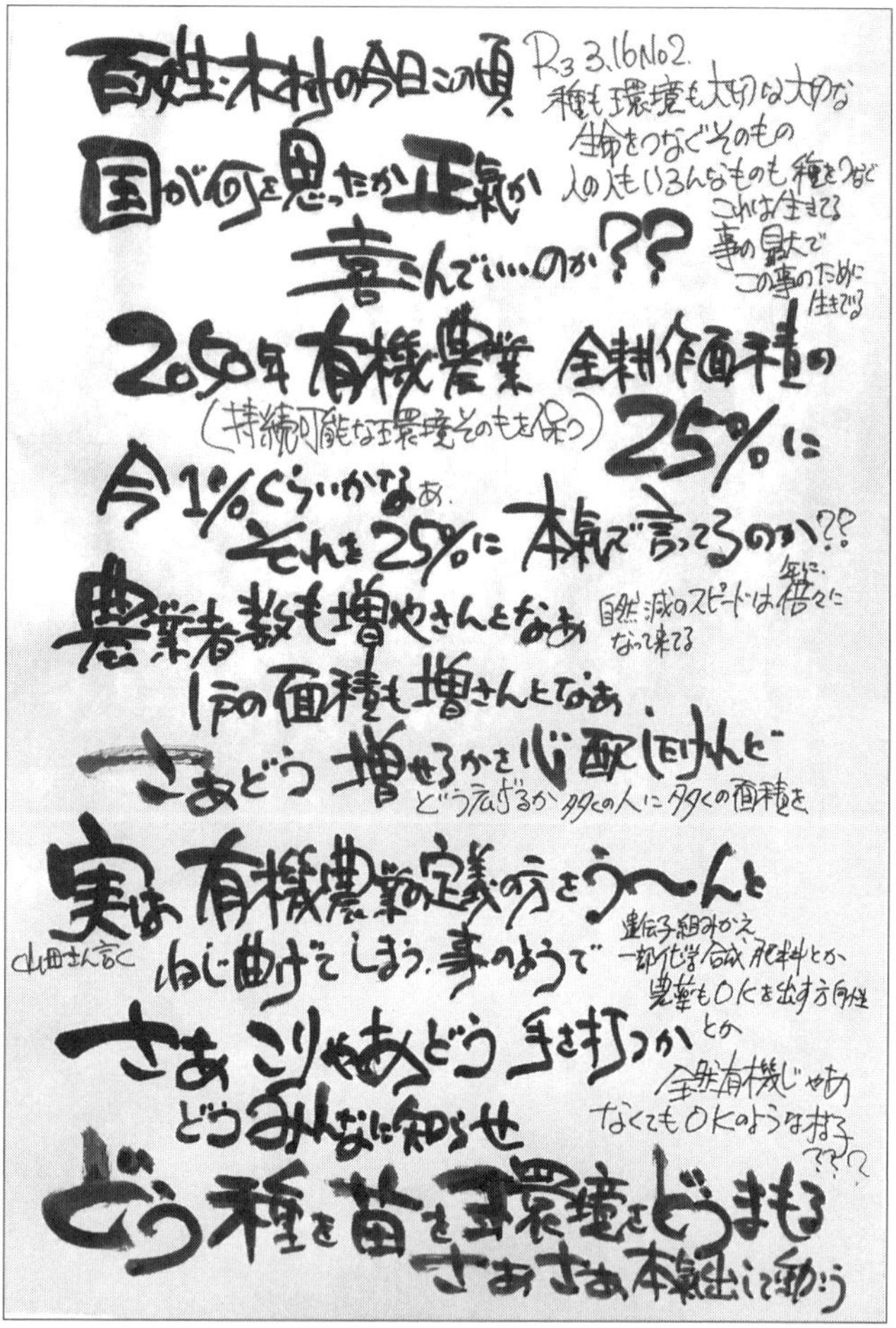

筆者が米の産直のお客さんなどに送る「百姓・木村の今日この頃」。フェイスブックでも画像で配信
令和3年3月16日版より

すごいことを言い出した。

本当になったらすご〜くいいが、今まで農水省は、有機は好ましいが普及はなかなか難しいというスタンス。いや、やる気がなかった。それなのに、有機を進める指導者育成もしないまま、一転してこんなことを言い出した。いま１％ぐらいかなあ（実際は０・５％）。それを25％！　本気で言っているのか？　農業者数も増やさんとなあ、１戸の面積も増やさんとなあ……。

だが、いろいろ聞こえてきたことからカラクリも見えてきた。わかったこと。今までの有機の基本理念の変更が大きなねらいのようでした。有機農産物は遺伝子組み換えでないものという大前提が変わったり、使用可能な肥料・農薬の拡大が裏に隠されているので実現可能ということ。アハハハハーッ。これって、世界的に意味を持つことなのか？ 日本の有機農産物は世界一、あやしさで世界一⁇

人間の暮らし方そのものが問われている

僕が農業を始めてたったの三十数年間のあいだに普及が進んだものに緩効性チッソ肥料がある。使わなくなって5年10年たっても、ポリの袋状のボール（殻）は残ったまま、20年たっても土によって分解されず、今や大問題。アイガモ稲作をやり始めてアイガモが口に入れないか心配になり、人間の基準で環境を見ていてはダメなのだと気づいた。

国がいう安全は、人間にとっての一時的実験上の安全。結果、いろんなことのほとんどは想定外。人間の取り決めは、人間どうしの間の取り決め事。「有機農業」という言葉に意味があるのではない、そのレッテルに価値があるのではない。持続可能な暮らし方とは自然と共生するということ。人間も自然のなかのごくごくわずかな一部として、つつましく共生するという暮らし方そのものが問われているのだと思う。

いまコロナ対策とかいっているが、人間が対策を打ってコントロールできるという思い上がりがある限り、この大騒ぎはつくり続けられると思う。自然界のなかでいちばんの超大問題の存在（＝人間）が大騒ぎを起こし、自滅一直線に進まされているのも不思議ではないのかも。大きな文明が突如消滅するのは歴史が物語っている。

百姓は人の心を耕すのが仕事。農産物はそれを伝える道具。自然のなかで人類が滅んでも、喜ぶものこそあれ、悲しむものはないのかもしれないが、それでも、自然と共生した暮らしを続ける人が少しでも多くなることを望む今日この頃です。

地域の農地・景観を守る視点はあるのか

福島県二本松市　菅野正寿

有機認証より地域で支え合う農業

これまでの政策は、農地を集約し、規模拡大し、担い手を育成するという方向できました。みどり戦略に地域の農地を守る視点はあるんでしょうか。私は有機農業を広げていくことにはもちろん賛成です。でも、有機認証を受けた人だけの有機農業では農地は守れません。

ここ東和地域（旧東和町）では、住民が町ぐるみで立ち上げたNPO法人ゆうきの里東和ふるさとづくり協議会を核に、堆肥を使い農薬を半減する農業を続けてきました。堆肥は、有志が共同出資して設立した堆肥センターでつくる「げんき堆肥」。農薬や化学肥料

すげの・せいじ
1958年福島県生まれ。「遊雲の里ファーム」で3.5haの米づくりのほか、多品目の野菜づくり。ＮＰＯ法人ゆうきの里東和ふるさとづくり協議会初代理事長。

集落のビオトープには、毎年地元の小学４年生が生きもの観察にやって来る

写真提供＝菅野正寿

を慣行より半減する「特別栽培」の基準をベースにしています。

私自身は、田んぼは除草剤1回だけで他の農薬は使わない場合がほとんどです。トマトなども、農薬は天候に応じて2~3回。周囲もこういう栽培の人が多い。だから有機農業がいいのはわかっているけど、有機認証はハードルが高い。肥料のトレーサビリティを求められたり、書類を揃えるのもたいへんで、なかなか手が出ません。

それに個人で有機認証農業をするよりも、地域全体が環境に配慮した農業をすることのほうが大事ではないかと考えています。いま中山間地では、高齢化が進んで土手の草刈りや用水路の管理も困難になってきました。私が預かる田んぼは年々増え、今年の米づくりは3・5haになっちゃった。それも1枚が5~6aの田んぼが50枚以上。そういう小さい田んぼを、担い手だから規模拡大しろと言われてももう限界です。集約では農地を守れません。

平場はもっとたいへんでしょう。大型機械に投資して50haにも60haにも大きくしてきたけど、今の米の値段じゃね。この秋にはもっと安くなるかもしれない。そういうことも考えると、女性も高齢者も、会社に勤める兼業農家も参加して、作物も米だけでなく多様な品目をつくる地域営農が、これからうんと大事だなと私は思います。これまで培われた技術を受け継ぎ、ともに支え合う地域の仕組みです。

天候・作物を見て判断できる農家でありたい

農薬は除草剤1回、肥料は堆肥や有機肥料という米づくりは特別難しいことではありません。それで米は十分とれます。

それなのに今の農家は、田植えのときに箱処理剤を使ったりして、虫がいないのに殺虫剤をまく、いもち病が出てないのにいもちのクスリをまく。農民は、もっと天候を見たり田んぼを見て判断する力をつけないといけないと思います。「ああ、今年は梅雨が長いな。いもち病が出始めた」というのを見逃さず、いもちのクスリをやればいいんです。

化学肥料もあまり使いませんが、ここ阿武隈山系はリン酸分が足りない田んぼが多い。足りない成分は入れます。有機ありきではなくて、土壌分析に基づいてリン酸やケイ酸の入った化学肥料を補完的に使うというやり方です。こういう栽培法で、もう30年以上やってきました。中山間だから10a10俵とか11俵はとれませんが、7～8俵はとれます。

消費者にも参加してもらう

私の3・5haのなかには「マイ田んぼ」という5組の消費者がつくる田んぼがあります。埼玉の夫婦や企業の人たち、東京の市民団体、福島大学の先生などが、数人ずつ計6枚の田んぼで米づくりをしています。それには1枚5～6aの大きさがちょうどいいんです。田植え、草取り、イネ刈り、はざ掛け、脱穀の各作業に、来れるときに来てもらう方式で、私が育苗や耕耘・代かき、水管理などをする管理料を5a3万円とか3万5000円いただく。とれた米はみなさん、自給に使うわけです。

私の住む布沢集落（20戸）には全部で12haの田んぼがありますが、いま80歳で頑張っている人も、5年後はできなくなるのが見えています。そういう田んぼを、マイ田んぼとして都会の人に活用してもらう仕組みをこれからつくっていきたい。

布沢では中山間地域等直接支払、多面的機能支払、環境保全型農業直接支払の制度も利用しています。この春、標高250～400mの沢沿いにある棚田が指定棚田地域に認定されました。中山間地域等直接支払交付金も加算されることになります。私は、この三つの日本型直接支払制度の予算拡充を進めるべきだと思います。地域コミュニティと里山を含めた循環のあり方を、自治体や農業改良普及センターにもっとバックアップしてもらって、みんなで地域の農地・景観を守りたい。このへんのことも、みどり戦略に位置づけてほしいですね。

（談・文責＝編集部）

執筆者（執筆順）

やまざきようこ　おけら牧場
内山　節　哲学者
宇根　豊　百姓
鈴木宣弘　東京大学教授
小田切徳美　明治大学教授
蔦谷栄一　農的社会デザイン研究所所長
吉田太郎　長野県農業試験場・有機農業推進プラットフォーム担当
齋藤真一郎　新潟県佐渡市・農業
魚住道郎　日本有機農業研究会理事長
澤登早苗　恵泉女学園大学教授・日本有機農業学会元会長
植木美希　日本獣医生命科学大学教授
村上真平　家族農林漁業プラットフォーム・ジャパン代表
鮫田　晋　千葉県いすみ市農林課主査
姜　乃榮　住民連帯運動活動家
関根佳恵　愛知学院大学准教授
粟木政明　JA はくい経済部次長
柴山　進　ＮＰＯ法人アグリやさと代表
伊藤由理子　生活クラブ連合会会長
大信政一　パルシステム連合会理事長
藤田和芳　オイシックス・ラ・大地会長
林　重孝　千葉県佐倉市・農業
横田修一　茨城県龍ヶ崎市・農業
松村　務　滋賀県近江八幡市・農業
木村節郎　山口県田布施町・農業
菅野正寿　福島県二本松市・農業

農文協ブックレット 23

どう考える？「みどりの食料システム戦略」

2021 年 9 月 25 日　第 1 刷発行

編者　一般社団法人　農山漁村文化協会

発行所　一般社団法人　農山漁村文化協会
〒107-8668　東京都港区赤坂 7 丁目 6-1
電話　03（3585）1142（営業）　03（3585）1145（編集）
FAX　03（3585）3668　　振替　00120-3-144478
URL　http://www.ruralnet.or.jp/

ISBN978-4-540-21179-9
〈検印廃止〉

DTP 制作／㈱農文協プロダクション
印刷・製本／凸版印刷㈱
乱丁・落丁本はお取り替えいたします。